増補改訂版

環境工学入門

鍋島 淑郎
森棟 隆昭
是松 孝治 共著

産業図書

増補改訂版発刊にあたって

　本書は1997年の発行以来9年余を経過しており、その間、地球規模の環境問題はある部分では急速に深刻な状況となりつつ、また他方では国際協力により解決の糸口を見出す傾向を示すものもあるが、環境問題の対策技術の開発は、地球環境保全に関する国際条約や国内諸法の制定とも連動して、ますますその重要度を増加させている。本書はここ10年の急激な社会情勢の移り変わりのなかで、地球環境の変化、環境保全技術開発の動向について、1997年版の内容にさらに増補して、最新の情報に基づいて改訂するものである。なお、前版と同様、学生、一般読者の方々に理解しやすいように図表・データを多く取り入れるとともに、関連分野の技術者の参考となるよう資料の充実をはかることに心がけたつもりである。
　2006年8月

著者　一同

まえがき

　昨今の世界各地における局地的豪雨、洪水や猛暑、かんばつなどの気候変動、山岳氷河の後退、南極における生態系の変化など、地球温暖化との関連が取り沙汰される事象が多く生じている。国内においては、ひっ迫したごみ処理事情、一向に改善されないNO_2汚染、大都市の温暖化、大陸からのもらい公害など、我々の身近なところで環境に関するさまざまな問題を抱えている。このような環境問題については、解決するための科学的裏づけが少なく効果的な対策の見当たらないものもあるが、現状を早急に理解し手遅れにならないよう社会、人文、自然の各科学の専門分野からの取組みや対策が重要である。
　現在、環境工学や環境科学などの各分野について、それぞれ詳細に書かれた多数の優れた著書があり、環境問題に関心をもつ人の参考書としてより深い理解の助けとなっている。大学、高専等の環境工学など環境関連の授業においても、これらの著書を参考書として広く利用しており、また、各データを参考と

して多くの資料を作成している状況にある。一方、学生にとっては限られた時間内において環境工学を修得するには、入門書たる教科書が必要欠くべからざるものとなっており、これより、限られた紙面中に広領域な環境分野全体を網羅しつつ、かつ環境を学ぶものにとっての入門書、教養書となるような著書が求められている。

　本書はこのような背景をふまえて、著者らのこれまでの環境問題についての講義や各分野で書かれた著書、データを参考として、学生にとって身近でかつ理解の容易な普遍的内容を教科書、参考書としてまとめ、短大、大学の理工系の学生および高専の高学年生を対象とした講義に使用できる内容となるように心がけて執筆した。また、なるべくわかりやすく、興味をもたせるよう噛み砕いて記述し、難解な関連法規については最小限を記述するに留めたつもりである。環境工学を扱う領域は広くかつ深いので、本書は3人の著者が分担で執筆した。第1部の環境科学概論においては、環境の現状、オゾン層破壊、地球温暖化、酸性雨、廃棄物、大気汚染などについて、地球環境の現状を学生に確実に理解させ、これらの環境問題に関する基本的考え方と基礎知識を養わせることを第1に考えて執筆した。第2部では、日常生活の中の身近な環境問題への理解をさらに深めるために、大気汚染防止技術、水処理技術、廃棄物処理技術の現状について詳細に記述した。第3部では、暮しに密着したテーマとして、自動車に関する環境問題と対策の現状について記述しており、第2、3部ともに第1部をさらに推し進め教養書ともなる内容となっている。また、各部に演習問題を付けることで、一層理解を深めるように配慮した。本書が教科書、参考書、教養書として多数の方々に広く活用されることを願う次第である。

　なお本書を執筆するに際して、多くの著書、資料、論文を参考にさせていただいた。参考文献として掲載するとともに、心より感謝申し上げる。

　最後に、本書を刊行するに当たって多大のご尽力をいただいた産業図書㈱の鈴木正昭氏に、厚くお礼申し上げる次第である。

　1996年8月

著者　一同

目　次

増補改訂版発刊にあたって
まえがき

第1部　環境科学概論　　　（執筆　森棟隆昭）

第1章　環境の現状 …………………………………………… 3
1.1　人口の増加問題 ………………………………………… 3
1.2　途上国における環境の現状 …………………………… 5
1.3　地球サミット（国連環境開発会議） ………………… 7
1.4　日本の環境問題への取組み …………………………… 10
1.5　国際協力の必要性 ……………………………………… 12
1.6　世界のエコビジネス …………………………………… 16
1.7　最近よく用いられる環境用語 ………………………… 16
演習問題 ……………………………………………………… 18

第2章　オゾン層の破壊 ……………………………………… 19
2.1　オゾン層の役割 ………………………………………… 19
2.2　オゾン層の破壊 ………………………………………… 22
2.3　オゾン層保護への国際的取組み ……………………… 25
2.4　フロンの回収と破壊処理 ……………………………… 27
演習問題 ……………………………………………………… 28

第3章　地球温暖化 …………………………………………… 29
3.1　地球温暖化の状況 ……………………………………… 29
3.2　地球表面の温度 ………………………………………… 31

3.3 温暖化の原因 32
3.4 温暖化防止の対策 38
演習問題 43

第4章　酸性雨 45
4.1 酸性雨（酸性降下物） 45
4.2 世界の酸性雨の被害状況 46
4.3 日本における酸性雨の状況と被害 50
4.4 国際的防止対策 53
演習問題 53

第5章　森林の減少 55
5.1 森林の必要性と減少の状況 55
5.2 日本の森林の現状 59
5.3 減少防止への国際的取組み 61
演習問題 61

第6章　廃棄物処理問題 63
6.1 有害廃棄物の越境移動とバーゼル条約 63
6.2 ドイツにおける廃棄物処理と環境モデル都市 64
6.3 米国における廃棄物処理の状況 65
6.4 日本における廃棄物処理の概要 66
6.5 江戸のリサイクル社会 73
演習問題 75

第7章　大気汚染 77
7.1 大気汚染の歴史と汚染物質 77
7.2 日本における大気環境と大気規制 80
7.3 米国における大気汚染の状況 84
7.4 欧州における大気汚染状況 86
7.5 欧州における自動車排出ガス規制の状況 87

7.6　アジア・大洋州における自動車排出ガス規制 ･････････････････ 87
演習問題 ･･ 88

第8章　水質汚濁 ･･･ 89
8.1　地球は水の惑星 ･･ 89
8.2　水質の環境基準 ･･ 89
8.3　河川、湖沼、海洋の水質汚濁の状況 ･･････････････････････ 90
8.4　水質汚濁の原因 ･･ 94
演習問題 ･･ 98

第2部　環境問題の現状と対策技術・その1
― 大気汚染防止技術、水処理技術、廃棄物処理技術 ―
（執筆　鍋島淑郎）

第1章　環境工学と環境技術の分類 ･･････････････････････････ 101
1.1　環境工学とは ･･ 101
1.2　環境技術（装置）の分類 ････････････････････････････････ 103

第2章　大気汚染防止技術 ･･････････････････････････････････････ 105
2.1　大気汚染物質の種類 ･･････････････････････････････････････ 105
2.2　大気汚染の防除技術 ･･････････････････････････････････････ 108
2.3　集じん装置の種類と集じん性能 ･･･････････････････････････ 109
演習問題 ･･ 111

第3章　水処理技術 ･･･ 113
3.1　水資源 ･･･ 113
3.2　水質汚濁 ･･･ 114
3.3　水の処理方法 ･･ 116
3.4　上水道 ･･･ 117
3.5　下水道 ･･･ 118
3.6　下水の処理方式と汚濁負荷量等 ･･･････････････････････････ 122

3.7	産業排水の処理	123
演習問題		124

第4章　廃棄物処理技術 … 125

4.1	廃棄物処理の目的	125
4.2	中間処理の位置づけと処理技術の分類	125
4.3	焼却処理	127
4.4	破砕処理	139
4.5	圧縮処理	146
4.6	選別処理	148
4.7	資源化	154
4.8	産業廃棄物処理	158
演習問題		161

第3部　環境問題の現状と対策技術・その2
―自動車の環境問題とその対策技術―
（執筆　是松孝治）

第1章　自動車排ガスと都市環境 … 165

1.1	都市で問題となる大気汚染物質	165
1.2	ガソリン車から排出される大気汚染物質	165
1.3	ガソリン車の排ガス規制とその対策技術	168
1.4	ディーゼル車から排出される大気汚染物質とその対策	171
1.5	ディーゼル車の排ガス規制とその対策技術	173
演習問題		174

第2章　自動車から排出される CO_2 と地球温暖化 … 177

2.1	自動車の燃費と CO_2 の削減	177
2.2	燃費改善による CO_2 の削減	178
2.3	燃料による CO_2 の削減	182
2.4	CO_2 の吸収	184

演習問題 ……………………………………………………… 185

第3章　自動車が関連するさまざまな環境問題 …………… 187
3.1　自動車のリサイクル …………………………………… 187
3.2　廃潤滑油のリサイクルと最終処分 …………………… 189
3.3　酸性雨 ……………………………………………………… 190
3.4　自動車の騒音 ……………………………………………… 191
　演習問題 ……………………………………………………… 194

第4章　環境と調和する近未来の自動車 …………………… 195
4.1　電気自動車 ………………………………………………… 196
4.2　天然ガス自動車 …………………………………………… 200
4.3　メタノール自動車 ………………………………………… 202
4.4　バイオ燃料車 ……………………………………………… 202
4.5　ハイブリッド車 …………………………………………… 203
4.6　燃料電池車 ………………………………………………… 204
　演習問題 ……………………………………………………… 205

参考文献 ………………………………………………………… 207
索　　引 ………………………………………………………… 211

第1部　環境科学概論

　近年全世界における産業活動の膨張と地球的規模での地球利用、途上国における人口の爆発的増加は、環境汚染を広域化・越境化させ、地域的問題から地球規模的な問題にまでクローズアップしつつある。地球の環境容量には限りがあることを考えると、破局への道を避けるためには、技術の進歩や国際的な協力によってこれらの問題を解決しなければならない。図1.0.1に地球規模で環境を考えた場合の諸問題の関わりを示す。この図によれば、地球規模の環境問題とは、豊かさの代償として生じた先進国における問題と、貧困や人口爆発・都市への集中から生じる途上国の環境問題に分かれることがわかる。この先進

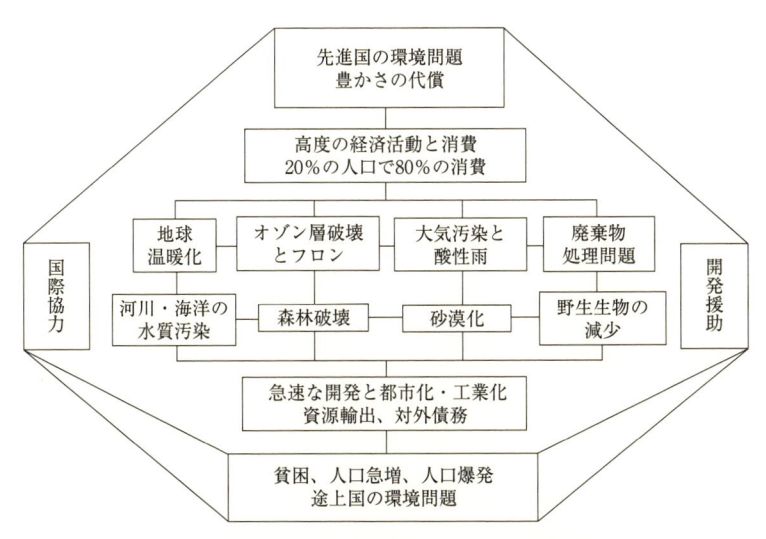

図 1.0.1　地球規模の環境問題群における諸問題の関わり

国と途上国の間に位置づけられる諸問題、オゾン層の破壊や地球温暖化、酸性雨、森林減少など地球全体に関わる事象が現在引き起こされている。これらの問題は独立的な現象ではなく、互いに複雑な有機的関係を持っていることが明らかにされており、個々の現象の理解とともにこの因果関係を考慮しつつ問題の解決策を見出す必要がある。

約4000年前、黄河、メソポタミア、インダス、エジプトの古代4大文明は、繁栄とともに周りの資源を食尽くし、環境を破壊して、ついには文明崩壊の危機に陥った。これはまさに現代社会にも当てはまり、現代文明社会の崩壊のシナリオであるという見方や、文明とは地球を破壊し砂漠化するものなのかという考え方も出てきている。1972年スイスの法人であるローマクラブは、人口、工業生産、天然資源、環境、食糧の5つの変数を用いて地球の将来予測を行い、現在のような成長が続行すれば、いずれ"成長の限界"に達することを警告している。

1987年に開催された環境と開発に関する世界委員会の報告によれば、いま我々に求められているのは、持続可能な開発を実現して未来につなげることである。この持続可能な開発の概念は地球サミットに引き継がれた。この地球の限りある資源を循環利用して、いわゆる「宇宙船地球号」としての自覚が必要であり、「持続可能な資源循環型リサイクル社会」を形成することが世界の共通認識となりつつある。

第1部においては、地球規模の環境問題を含め環境科学において知っておく必要のある基本的な事項と、オゾン層の破壊（フロン問題）、地球温暖化、酸性雨と酸性降下物、森林の破壊、廃棄物処理問題、大気汚染、水質汚濁について、環境の現状や問題への取組みを中心にして記述する。

第 1 章

環境の現状

1.1 人口の増加問題

（1） 世界人口の予測と増加状況

　第2次大戦後に20億人であった世界の人口は2005年には64億人に達している。図1.1.1は1994年に国連の国際人口開発会議、通称カイロ会議において提出された人口予測および11年後の2005年に国連人口基金から発表された世界人口白書における人口推計を示す。2050年の推計人口は91億人へと下方修正されたが、2005年から2050年の間は毎年5800万人が増加することになる。この10年の人口増加の内95％以上が途上国においての増加である。欧州

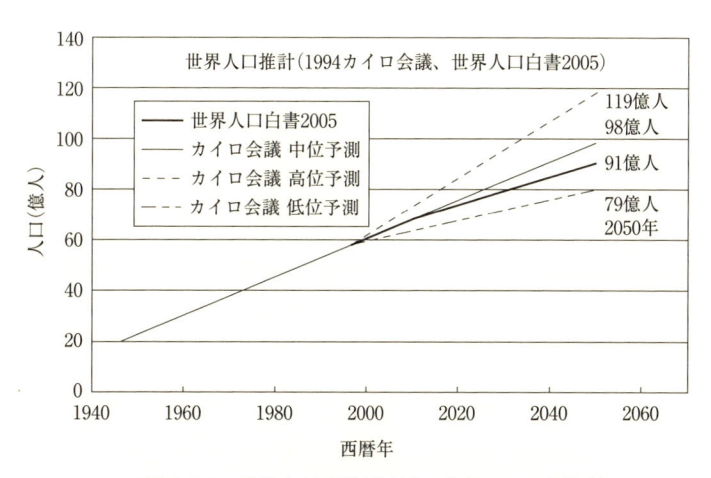

図 1.1.1　世界人口推計（世界人口白書 2005 より作成）

と日本の人口は横這いから減少に転じる一方で、北米では移民が主因となって人口は微増し続けている。今日、世界の人口の1/6の10億人以上が絶対的貧困の状態にあり、この数は増加しつつある。世界人口白書は途上国の貧困層の人口増加と先進国の富裕層の大量消費が、地球環境への負荷の増大の一因となっていると警告している。

(2) 地球の人口容量と人口飽和後の予測

今後適切な人口抑制策がとられないまま人口が増加することは、地球にとって可能なのであろうか。この地球では資源エネルギーや食糧の供給などから考えて、100億人の生活が可能という説もあるが、その後はどうなるのか？ 世界人口白書における人口増加率から推定すると、2070年以後に世界人口が100億人に達することがわかる。この後、エネルギー、水、食糧が不足し、予測された資源枯渇、環境破壊のシナリオを歩み始めるのか。いずれにしても21世紀中には地球の人口は飽和することとなる。

人間に限らず、一般に生物がその個体数を増やして飽和状態になった場合どうなるのであろうか、個体数の増加が環境容量を超えた場合の調整には、図1.1.2に示す3パターンがあるとされている。[A][B]のように変動幅がそれほどでなく、ある個体数に調整されるパターンと、[C]のように最大数に達した後、急激にその数が減少するパターンがある。ビーカ内のバクテリア増

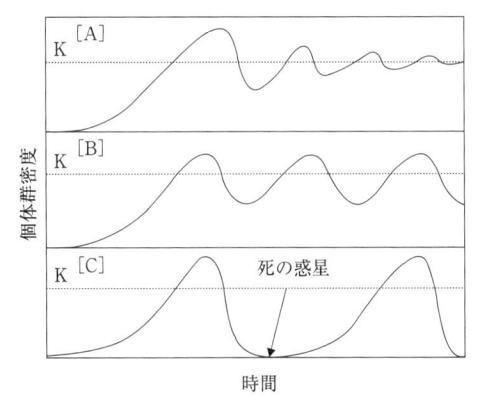

資料：ホイッタカー「生態学概説」

図1.1.2 個体数の増加と調整(出典：環境庁編、環境白書「平成7年版総説」)

殖実験によると、ある種のバクテリアでは個体数のピーク値より一挙に減少する場合があるとされている。人間の場合、その英知によりこのような急減少・滅亡は有りえないと思われるが、いずれにしても21世紀末にはやってくると予測される食糧不足、環境破壊、資源枯渇に対処する必要があることになる。地球が「死の惑星」になることを防ぐために我々に残された時間は、あまりにも短いといわざるを得ない。

1.2 途上国における環境の現状

（1） 先進国の環境問題との対比

図1.0.1にもあるように、先進国の環境問題は、豊かさの代償として生じる問題である。先進諸国の人口は20％であるが、その消費は世界のアルミニウム、紙、鉄鋼、木材の約8割を占めている。一方、途上国では貧困と人口急増からくる資源食尽くし、自然破壊、砂漠化、急速な都市化・工業化が原因の大気汚染、水質汚濁などの都市型公害に伴って、環境の悪化が顕著となっている。途上国の環境問題への取組みにあたっては、この背景の違いを十分に理解しておく必要がある。途上国においては、経済的、技術的、人的基盤が少なく、先進国の協力が不可欠である。日本においても国際協力機構JICAが専門家派遣、研修受入れを行っている。

なお、第1部における先進国の定義は、経済開発協力機構OECD（加盟国は現在30カ国）中の開発援助委員会DACの22カ国としている。具体的には、米国、日本、フランス、ドイツ、英国、オランダ、イタリア、カナダ、スウェーデン、ノルウェー、スペイン、ベルギー、デンマーク、スイス、オーストラリア、フィンランド、アイルランド、オーストリア、ギリシャ、ポルトガル、ルクセンブルグ、ニュージーランドの22カ国である。途上国は政府開発援助ODAを供与されている国と定義している。

（2） 途上国における大気汚染や水質汚濁の現状

開発途上国では工業化、都市化による大気汚染、水質汚濁、廃棄物問題が深刻化している。図1.1.3に途上国を主体とした世界主要都市における大気汚染状況を示す。先進国における大気汚染は改善の方向にあるが、途上国では悪化

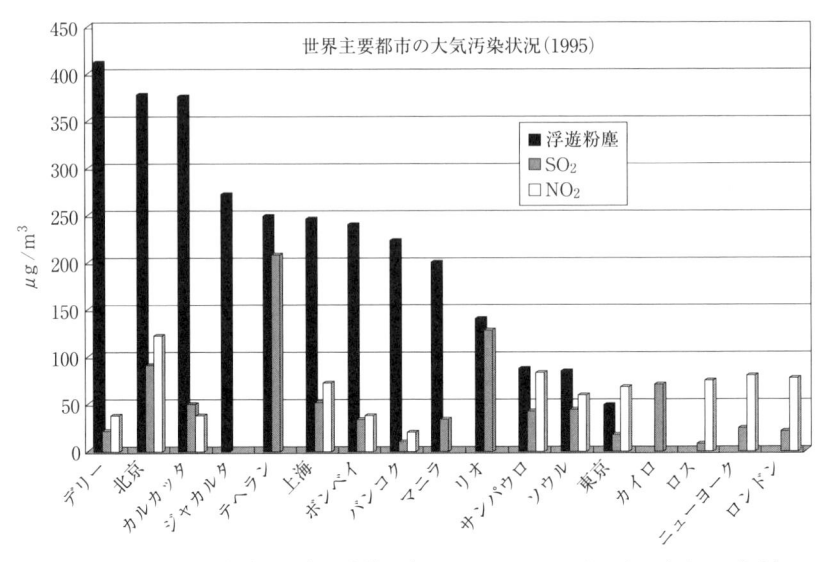

図1.1.3　世界主要都市の大気汚染状況(環境省編、環境統計集平成17年版より作成)

の傾向にある。とくに途上国の工業都市においては、石炭燃焼に伴う硫黄酸化物や浮遊粉塵が多い傾向が見られる。また近年、途上国において、自動車の普及による大気汚染が深刻な問題になりつつある。

　国連環境計画UNEPで組織する「21世紀に向けた世界水委員会」は、世界の主要河川の多くで水の減少や汚染が進行していると報告している。とくに途上国では水不足や汚染が指摘されており、黄河、ガンジス川、ウズベキスタンのシル・ダリヤ川、メキシコのレルマ川などの評価が低い。インドでは排水を未処理のまま河川などへ直接放流することが多く、日本のODAで公衆便所や下水処理施設が整備されたが、該当河川のBODが30ppmに下がったに過ぎない。また、「聖なる川」と呼ばれるガンジス川でも、沐浴ができないほど汚染が深刻であるとも報告されている。

　1000万人以上の人口を持つフィリピン・マニラ首都圏の廃棄物集積場は巨大なゴミの山となっているが、周辺に約18000人が居住し、ゴミ中の有価物を拾い集めて日々の生活を立てている。1995年には政府により集積場は閉鎖されたが、その後再開され2004年にもその状況が報告されている。隣接するケソン市にも第2のスモーキマウンテンができており、周辺人口併せて32000人

が集積したゴミに生活の糧を求めている。

　一方、市場経済への移行期にある旧ソ連邦、ポーランド、旧東独、チェコなど旧共産圏諸国における環境汚染が問題となっている。これらの国々は旧体制下で生産第1主義を採ったことで生じてきた公害問題に苦慮している。

（3） 途上国の自然環境保護のための国際条約

　1975年に発効したワシントン条約やラムサール条約により、野性生物の国際取引の規制や湿地保全の取り決めが行われている。1993年には生物多様性条約が発効して、すべての生物の生態系、種、遺伝子の多様性の保護と持続利用が推進された。これらの条約は途上国の自然環境を保護することに役立っている。ワシントン条約は野生動植物の国際取引が乱獲を招き、種の保存が脅かされることがないよう、取引の規制を図る条約であり、締約国は2005年現在167カ国である。日本はクジラなど再生可能な漁業資源利用の観点より、「持続可能な利用」の考えに立った野生動植物の保護措置を基本的立場としている。ラムサール条約は、水鳥の生息地として国際的に重要な湿地を開発による環境破壊から保護するための条約であり、2005年の締約国会議において、日本では釧路湿原、尾瀬、藤前干潟などを含む20カ所が登録指定湿地となっている。生物多様性条約とは、ワシントン条約、ラムサール条約などを補完し、生物の生息域内外の保全や生物資源の持続可能な利用を行うための条約であり、187カ国とECが締結している。米国は未締結であり、日本は本条約発効以来最大の資金拠出国である。

1.3　地球サミット（国連環境開発会議）

（1）　地球サミットとは

　環境と開発に関する国連会議、いわゆる地球サミットが、1992年ブラジル・リオデジャネイロにおいて開催され、21世紀へ向けての新たな対応へのルール作りが検討された。この会議には、170カ国、230の政府、国際機関と、2万人の非政府機関NGOが参加した。このサミットの目的は、21世紀に向けて持続可能な地球社会を構築するための具体的な国際合意をまとめることであり、北の先進工業国と南の発展途上国の新たな関係に向けての話し合いの場

であった。すなわち、環境と持続可能な開発を確立するための地球規模の協力（グローバル・パートナーシップ）の必要性を討議するものであった。これより、「環境と開発に関するリオ・デ・ジャネイロ宣言」、21世紀に向けた持続可能な開発のための人類の行動計画である「アジェンダ21行動計画」が採択された。

（2） 具体的な議題

8つの作業グループで、① 資金、② 大気、③ 生物多様性保護、バイオテクノロジー、④ 淡水、⑤ 機構、⑥ 技術移転（知的所有権移転）、⑦ 森林、⑧ 国際法、について議論が展開された。サミット後、気候変動枠組み条約が1994年に発効し、生物多様性条約には日本を含め約160カ国が署名して1993年に発効している。その他、地球温暖化防止条約について議論され、また、民間のバイオ技術の途上国移転など知的所有権移転の問題について討論された。CO_2問題については2000年までに1990年のレベルで安定化することになったが、世界の1/4を排出する米国は、CO_2温暖化は科学的根拠なしとして強い規制に反対を表明した。

（3） サミットの成果

サミットの成果としては、前項の二つの条約の発効とともに、以下のa, bが挙げられる。
 a．環境と開発に関する世界の関心が定着
 b．環境と開発に関する世界的合意と実行体制ができた

政府開発援助ODAに関しては、先進国ODAを拡大すること、ODAでは借款、供与等の資金協力と技術協力を行うが、環境と開発を考えながら援助することなどが取り決められた。

日本はサミット後の5年間で100億ドルの環境ODAを供与することとなった。サミット後、持続可能な開発委員会CSDが開催され、アジェンダ21のチェック機構としての役割を果たしている。この1つとして、カイロにおいて前述の国際人口開発会議が開催されている。

（4） 温暖化防止京都会議 COP3

1997年京都において、「気候変動枠組み条約第3回締約国会議」（温暖化防止京都会議COP3）が、約160カ国・地域から9000人が参加して開催された。地球サミット5周年の節目として、本会議では最大の焦点である先進国の2000年以降の温暖化ガス排出削減目標と、途上国の将来的な排出抑制策を巡って検討が重ねられた。その結果、国際的な法的拘束力を持った「京都議定書」が採択された。議長国の日本は、（ a ）先進国が率先して温室効果ガス削減に取り組む、（ b ）開発途上国も排出抑制に向けた行動を起こす、（ c ）先進国は資金・技術援助を通じて途上国と連携、という温暖化防止3原則を提唱した。

温暖化会議で最大の懸案とされた温室効果ガスの排出削減目標については、1990年を基準年として2008年から2012年の5年間の平均で削減率は、日本6％、米国7％、欧州連合EU8％となった。また、カナダは削減率6％、ロシアとニュージランド0％である。先進国全体では2012年時点で5.2％削減となる。対象とする温室効果ガスは、二酸化炭素CO_2、メタンCH_4、一酸化二窒素N_2O、ハイドロフルオロカーボンHFC、パーフルオロカーボンPFC、六ふっ化硫黄SF_6の6種類である。なお、削減に向けた途上国の「自発的取組み」は途上国側の反対で議定書には含めないこととし、米国の主張した「排出権取引」についても途上国側の反発が強く先送りとされた。また森林のCO_2吸収分については、1990年以降の人為的な植林、森林再生による吸収量を算入するいわゆるネットアプローチの考え方が定められた。

日本政府は京都会議の合意を踏まえ、製品のエネルギー消費基準の作成、エネルギーや環境に配慮した新しいライフスタイルの模索、CO_2の固定化技術開発などに取り組むために、地球温暖化対策推進本部を設置している。また、地球温暖化防止関連法の整備や、省エネ法の改正を行っている。

（5） 第7回締約国会議 COP7 と京都議定書の発効

2001年モロッコ・マラケシュにおいて第7回締約国会議COP7が開催され、京都会議で採択された温室効果ガスの削減義務の確認と、京都議定書運用ルールが決定された。なお、米国は京都議定書からの離脱を表明している。運用ルールの中の1つは京都メカニズムと呼ばれるものであり、次の3つの制度から成っている。

（a） グリーン開発メカニズム CDM：先進国と途上国が共同で温室効果ガス削減の事業を実施し、その削減分を先進国の削減約束達成に利用できる。
（b） 共同開発 JI：先進国間で排出削減事業を共同実施し、その削減分を投資国の削減約束達成に利用できる。
（c） 排出量取引 ET：排出削減目標のために先進国同士が温室効果ガスの排出量を売買する制度。

　日本は2002年京都議定書批准を衆議院本会議にて承認した。京都議定書は55カ国以上が批准し、批准先進国排出量合計が先進国総排出量の55％に達した段階で発効するが、2004年にロシアは上下院で批准を承認した後、2005年2月、遂に京都議定書が発効した。日本では京都議定書の目標達成に向けて、2002年に地球温暖化対策推進大綱が決定されおり、その後京都議定書を締結、2005年には京都議定書目標達成計画が閣議決定され、関連省庁がCDM, JI など京都メカニズムの活用のための施策に取り組んでいる。2005年にはモントリオールにおいてCOP11が開催され、2013年以降の先進国の温室効果ガスの削減検討が始められている。

1.4　日本の環境問題への取組み

（1）　環境問題への取組み

　世界の環境や人口増加の問題は重要であるが、日本の環境問題への取組みはどうなっているのであろうか。日本では平成元年を地球環境元年として地球環境に対する政府の取組みが始まっており、国民は環境への自覚、理解、配慮とともに、いわゆる環境適応型人間として、地球規模で考え地域で行動することが求められている。また、環境ビジネスやエコマークに対する認識度も高まりつつある。1993年に環境基本法が成立しており、環境を守る行動原理が明確にされた。2001年には循環型社会形成推進基本法（循環基本法）や資源有効利用促進法が施行された。この間、リサイクルの推進を図るために容器包装、家電、建設資材、食品に関する各リサイクル法およびグリーン購入法が制定され、2004年には自動車リサイクル法が施行されている。

（2） 環境問題と国際協力の必要性

　環境問題として酸性雨を例にとると、平成16年環境省によってそれまでの20年間の調査結果がまとめられ、これより全国平均ではpH 4.77で大陸に由来した汚染物質の流入のあることが示された。日本では酸性雨の原因となる窒素酸化物NO_x（NOとNO_2）や、硫黄酸化物SO_x（SO_2とSO_3）は排ガスの規制によってかなり減少されているはずである。この酸性雨は中国や韓国の工業化によって排出されたNO_x, SO_xが、偏西風に乗って日本に来ることが原因といわれている。中国国家環境保護局も酸性雨原因物質が国境を越えて九州上空に達し、低pHの酸性雨を降らせている事態を確認しており、排ガス中の汚染物質の越境移動、いわゆる「もらい公害」ということになる。この越境移動は隣国と接近して位置するヨーロッパではさらに顕著である。このように問題が多国にわたる場合には1国だけで努力しても、問題解決の方向を探ることはできない。国際環境条約の件数は180件以上あり、協定を含めると800を超す状況にある。海洋法条約、砂漠化防止条約も最近結ばれており、国際的な協力により環境問題解決の糸口を探る必要がある。

（3） 日本の人口状況と江戸のリサイクル社会

　2005年における日本の人口は1億2776万人で、2004年より2万人の減少となり、総人口が初めて減少した。2004年が日本の人口のピークとなりその後減少、2050年には約1億1200万人になると予測されており、人口減少社会における労働力の不足と高齢化、少子化が問題となっている。21世紀に生じるとされている食糧不足、資源枯渇などを考え、日本において自活できる限界人口はどのくらいなのであろうか。これには極めて重要な歴史の体験が日本にはある。江戸時代約230年の鎖国経験である。この時代の1721～1846年の約120年間、税徴のために人口が詳細に記録されており、これによると、全国の人口は約2600～2700万人で一定であった。鎖国のために限られた国とだけの交流によって入って来る資源はわずかであり、そのために役立つものはすべて再利用するというういわゆる今でいう「高度なリサイクル社会」を形成していた。当時世界有数の大都市である江戸では、町人文化が花開く一方、なべ釜の修理は鋳掛屋（いかけや）、家具修理は指物師（さしものし）、陶器修理は焼接屋（やきつぎや）がおり、紙はすき返して再生紙へ、ろうそく灰も再利用して

（4） 四大公害訴訟と大気公害訴訟

日本においては明治時代の富国強兵・殖産政策に伴う足尾銅山鉱毒事件以来、産業活動に伴って公害問題が生じてきた経緯がある。熊本水俣病裁判、新潟水俣病裁判、四日市公害裁判、イタイイタイ病裁判は四大公害訴訟といわれる損害賠償請求訴訟であるが、昭和40年前半の訴提起から30年後の平成8年にすべてピリオドが打たれ和解の道を歩むこととなった。また、工場排煙や自動車排ガスによる複合大気汚染に関して、川崎公害、倉敷公害、千葉・川鉄公害、西淀川公害のいわゆる四大大気公害訴訟が起こされたが、いずれも1999年までに和解している。尼崎公害訴訟、名古屋南部公害訴訟も2000年、2001年に和解、全面解決した。しかし東京大気汚染公害訴訟については2002年に東京地裁は呼吸器系疾患と自動車排ガスとの因果関係を認め、国、都、首都高速道路公団に賠償を命じたが、メーカーに対する賠償請求や汚染物質の排出差し止めは認めなかった。現在東京高裁に移して争われている。

1.5 国際協力の必要性

（1） 政府開発援助 ODA

政府開発援助 ODA（Official Development Assistance）とは、開発途上国の経済・社会の発展や福祉の向上に役立つために行う資金・技術提供による協力のことであり、先進国が開発途上国へ直接援助を実施する二国間援助と国際機関を通じた多国間援助がある。二国間援助には、無償、有償の資金協力、技術協力がある。ODAは、（1）環境と開発の両立、（2）援助が軍事目的に使用されない、（3）途上国の兵器、武器輸出入のチェック、（4）途上国の民主化の促進、基本的人権、自由の保障、の4原則の条件の基に援助が進められている。「もらい公害」をなくすためには、途上国への援助が是非とも必要になるわけであるが、こうなると、援助するというより、援助を受け入れてもらうという姿勢がこの場合必要となる。

経済開発協力機構 OECD の開発援助委員会に加盟する22カ国（DAC諸国

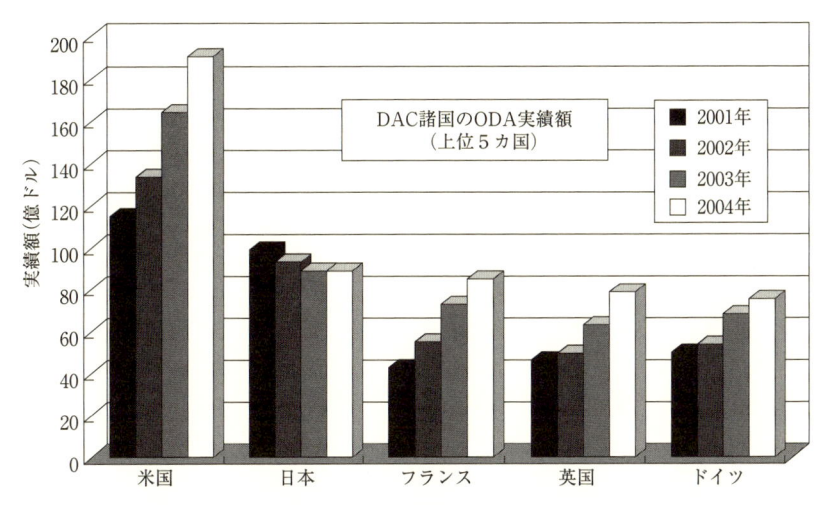

図 1.1.4 DAC 諸国の ODA 実績額(外務省 ODA 資料より作成)

という)が主として ODA を供与しており、DAC 諸国のうち ODA 実績額上位 5 カ国の実績額の傾向を図 1.1.4 に示す。2002 年から 2004 年の DAC 諸国 ODA 実績総額は 580〜790 億ドルと増加しており、米国が群を抜いて 1 位で 22〜24%、日本は第 2 位で 11〜15%、米国、日本、フランス、英国、ドイツ、オランダの上位 6 カ国で世界の実績額の約 7 割を占めている。日本は 2001 年 11 年ぶりに ODA 首位を米国に譲ったが、2002 年 93 億ドル、2003 年 89 億ドル、2004 年も 89 億ドルとここ数年減少気味であるが、いずれも世界第 2 位である。2004 年の ODA の供出額は日本国民 1 人当たり約 8000 円である。なお、平成 15 年度において、環境分野の ODA としては ODA 全体の 3 割程度の約 3400 億円の支援を行っている。表 1.1.1 に二国間 ODA 供与先を示す。

(2) 環境問題の取組を支援する国際機関
a. 国連開発計画 UNDP
途上国および市場経済移行国における持続可能な開発の実現を多角的に援助している。「持続可能な人間開発」を基本原則に掲げ、貧困削減、エネルギーと環境など 6 分野に重点をおいて活動、日本は主要援助国である。日本の ODA との協調実績もある。

表1.1.1　DAC諸国中実績上位5カ国の二国間ODA供与先

供与国	暦年	1位 国名	1位 シェア%	2位 国名	2位 シェア%	3位 国名	3位 シェア%
米国	1998	エジプト	13.5	ボスニア	3.6	ヨルダン	2.3
	1999	エジプト	9.7	ボスニア	3.2	インドネシア	3.0
	2000	エジプト	8.6	ヨルダン	2.5	インドネシア	2.4
	2001	パキスタン	9.4	エジプト	7.6	コロンビア	3.2
	2002	エジプト	8.0	セルビア	4.7	アフガニスタン	3.5
日本	1998	中国	13.5	インドネシア	9.5	タイ	6.5
	1999	インドネシア	15.3	中国	11.7	タイ	8.4
	2000	インドネシア	9.9	ベトナム	9.5	中国	7.9
	2001	インドネシア	11.5	中国	9.2	インド	7.1
	2002	中国	12.4	インドネシア	8.0	インド	7.4
フランス	1998	ポリネシア	8.8	ニューカレドニア	8.0	エジプト	7.4
	1999	ポリネシア	8.6	ニューカレドニア	7.6	エジプト	6.2
	2000	エジプト	8.5	コートジボワール	5.5	モロッコ	5.5
	2001	エジプト	7.8	モロッコ	6.7	マイヨット	4.6
	2002	コートジボワール	14.7	モザンビーク	11.9	モロッコ	4.0
英国	1998	インド	8.8	タンザニア	7.4	ウガンダ	5.0
	1999	インド	5.9	バングラデシュ	5.1	ウガンダ	4.3
	2000	ウガンダ	8.0	インド	7.5	タンザニア	5.6
	2001	タンザニア	11.1	モザンビーク	7.1	インド	6.6
	2002	セルビア	13.1	インド	9.8	アフガニスタン	3.7
ドイツ	1998	中国	9.2	インドネシア	6.1	エジプト	3.2
	1999	中国	9.3	セルビア	3.6	エジプト	3.2
	2000	中国	7.9	ザンビア	4.2	セルビア	3.7
	2001	中国	5.7	エジプト	3.7	シリア	2.9
	2002	セルビア	16.0	モザンビーク	4.7	中国	4.5

ボスニア：ボスニア・ヘルツェゴビナ、セルビア：セルビア・モンテネグロ、ポリネシア：仏領ポリネシア　シェアについては各国の二国間援助に占める割合、東欧及び卒業国向け援助は含まれない
DAC：経済開発協力機構（OECD）の開発援助委員会（加盟22カ国）　　出典：外務省ODA資料

b．国連環境計画UNEP

国連諸機関が行っている環境に関する諸活動を総合的に調整するとともに、国連諸機関が着手していない環境問題に関して、国際協力を推進していくことを目的としている。最近の日本の資金拠出額は上位5位内である。

c．地球環境ファシリティGEF

途上国が地球環境の保全・改善に取り組むことにより増加する費用を賄うために無償資金を供給することを目的としている。UNDP, UNEPなどの実施機関により共同運営されている。日本のODAとの協調実績もあり、設立以来、地球温暖化防止、生物多様性保護、国際水域汚染防止、オゾン層保護などの対

象分野に取り組んでいる。日本は米国に次ぐ第2位の資金拠出国である。
　d．国連人口基金 UNFPA
　世界の人口問題については国連人口基金 UNFPA があり、人口問題に取組んでいる途上国に対して援助をするとともに、世界人口白書を発行している。日本はオランダに次ぐ第2位の資金拠出国である。

(3) インターネットによる環境情報
　いまや地球規模のコンピュータ・ネットワークの構築により、世界の各種の環境情報もインターネットにより国境を越えて交換することができる。国連関係では国連環境計画 UNEP や国連開発計画 UNDP には、環境条約の会議文書等が豊富に掲載されている。また、米国環境保護庁 EPA のホームページに入ると、環境に関するあらゆる情報を検索することができる。日本では、環境省のサイトから環境関連情報を検索することが可能であり、また、独立行政法人国立環境研究所では膨大な情報のデータベースを閲覧できる。以下に本書で用いた環境関連のサイトを列記する。

　　　国連開発計画 UNDP　http://www.undp.org/
　　　国連環境計画 UNEP　http://www.unep.org/
　　　地球環境ファシリティ GEF　http://www.gefweb.org/
　　　国連人口基金 UNFPA　http://www.unfpa.org/
　　　国際自然保護連合 IUNC　http://www.iunc.org/
　　　国際熱帯木材機関 ITTO　http://www.itto.or.jp/
　　　経済開発協力機構 OECD　http://www.oecd.org/
　　　米国環境保護庁 EPA　http://www.epa.gov/
　　　EU 環境庁 EEA　http://themes.eea.eu.int/
　　　ドイツ連邦環境省　http://www.bmu.de/
　　　環境省　http://www.env.go.jp/
　　　(独) 国立環境研究所　http://www.neis.go.jp/
　　　日本環境協会 JEAS　http://www.jeas.or.jp/

1.6 世界のエコビジネス

ここ10年来、環境に関連してエコマーク、エコラベル、エコツアーなどエコのつく言葉を度々耳にするが、これらはエコロジーのエコをとって名付けたものである。エコロジーとは元来、生物と環境の調和に関する学問であり、生態環境、生態学といわれるものである。また、これらに関わるビジネスをエコビジネスという。エコマーク制度とは、環境保全に役立つ商品として西独で始まり、北欧、EC諸国に拡がった。そのドイツではエコマーク、低利融資のエコバンク制度があり、日本でもエコマークは古紙100%のトイレットペーパや再生プラスチックを用いた製品などについている。製品の製造のための資源採取から製品製造、流通、使用消費、廃棄・リサイクルにわたるライフサイクルを通して環境への負荷が少なく、環境保全に役立つと認められた商品について、日本環境協会エコマーク事務局ではエコマークとして認定している。エコマーク事業はISO 14020などに則って運営されており、2005年には42種類5000ブランドの商品が認定されている。また平成14年より、産業環境管理協会によって認定されるエコリーフ環境ラベルが本格運用を開始している。エコリーフは日本生まれの新しい環境ラベルであり、製品の環境負荷情報が定量的に把握できることに特徴がある。

なお、効率一辺倒のテクノロジーに代わって、環境を重視した技術システムであるエコテクノロジー、エコデザイン（環境適合設計）という言葉がよく使われるが、これは従来の時間効率という考え方から離れて、資源効率やリサイクルを考慮したテクノロジーという意味に用いられている。

1.7 最近よく用いられる環境用語

（1） ISO 14001とは

地球環境サミットを主催した国連環境開発会議UNCEDからの要請で、国際標準化機構ISOが、環境に関する国際標準化に取り組んだ結果規定された環境マネジメントシステムの国際規格である。ISO 14001は、組織活動、製品およびサービスの環境負荷の低減といった環境パフォーマンスの改善を

実施する仕組みが、継続的に運用されるシステム（環境マネジメントシステム）を構築するために要求される規格である。審査登録機関により、組織がISO 14001の規格を満たすシステムを構築していると認められたときは、ISO 14001の認証を取得することができる。2004年における審査登録件数は約19000である。

（2）環境アセスメントとは何か

発電所建設、工業団地計画、空港、港湾、ニュータウン建設などの開発行為により環境が変わりうる恐れのある場合に、環境への影響の程度や範囲、防止策について検討し、予測、評価することを環境アセスメント（環境影響評価）という。評価報告書の提出が必要であり、平成9年には、環境影響評価法（環境アセスメント法）が法制化されている。

（3）エコタウン事業とは

先進的な環境調和型のまちづくりを推進することを目的として、平成9年度に創設された事業である。それぞれの地域の特性に応じて都道府県等が作成したプランについて環境省、経済産業省の承認後、実施する事業であり、平成17年には全国23地域においてエコタウンプランが実施されている。

（4）LCA（Life Cycle Assessment）

工業製品の環境への影響をベースに製品を評価する。製品製造のための資源の採取から製品の製造、使用、廃棄処理からリサイクルに至るまでの環境への影響を規定した方法に従って分析し、総合的に評価することをいう。欧米諸国へ製品を輸出する場合、LCAによる評価を求めるケースが増加しつつある。

（5）グリーン購入

世界共通の課題となっている「持続可能な資源循環型社会の構築」を目指して、平成12年、国等による環境物品等の調達の推進等に関する法律（グリーン購入法）が循環型社会形成推進基本法（循環型社会基本法）の個別法の1つとして制定された。これより国等の公的機関が率先して環境物品を調達することとなったが、行政機関、消費者、企業などが環境負荷の少ない製品を優

先して購入することを「グリーン購入」という。製品としては、再生紙、廃プラ製品、廃木材・再生パルプ製品（鉛筆など）、ペットボトルリサイクル製品（ボールペン、定規、軍手、作業服）などがある。

（6） グリーンコンシューマー

環境配慮を優先するエコロジーライフスタイルを選択する生活者のことをいう。グリーンコンシューマーは、使い捨て商品は選択しない、包装のない商品を優先する、環境汚染と健康への影響の少ないものを選ぶ、リサイクル品やリサイクルシステムのあるものを選ぶ、環境問題に取組むメーカーの製品を選ぶ、などの特徴がある。

演習問題

（1） 環境問題に対しては、地球規模で考え地域で行動せよという言葉があるが、具体的に自分が参加して地域でできることにはどんなことがあるか、例を挙げ説明せよ。

（2） 途上国における環境問題が今クローズアップされている理由は何か。また、政府開発援助 ODA により途上国に援助する場合、途上国に必要とされる4原則（条件）を列記せよ。

（3） 2004年の日本の ODA 実績額は 88.6 億ドルである。1 ドルを 115 円として、日本国民 1 人当たりの ODA 供出額を計算せよ。（答：7970 円）

第 2 章

オゾン層の破壊

2.1 オゾン層の役割

(1) オゾン層とその役割

オゾン層とは図 1.2.1 に示すように、地上約 10 km 上空から約 50 km までの間にオゾンが薄く分布する層のことをいう。成層圏全体にわたって分布しているので成層圏オゾン層とも呼ばれる。オゾン層は太陽からやってくる紫外線のうち、生物にとって有害な短波長の紫外線を吸収する役割を担っている。

太陽から地球に到達する紫外線は、生体への作用によって、UV–A（波長 315〜400 nm）、UV–B（波長 280〜315 nm）、UV–C（波長 100〜280 nm）の 3 領域に分けられている。UV–C は短波長で生物にとって最も有害であるが、オゾン層や大気中の酸素分子で吸収され、地表には到達しない。UV–A は日焼け、UV–B はオゾン層によって約 1/2 が吸収されるが、他は地表に到達して、日焼け、白内障や皮膚がんを生じさせ、有害で遺伝子破壊の恐れもある。

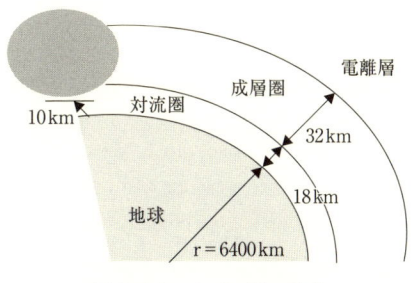

図 1.2.1 オゾン層の分布

UV－Bがオゾン層破壊の影響を最も受ける。1％のオゾンが減少すると地表のUV－Bが2％増加し、皮膚ガン発症率は5％増加するという研究結果もあり、上空のオゾン量の減少は極めて由々しき事実といわねばならない。2002年世界保健機構WHOは、直接長時間紫外線（日光）を浴びない、外出時は遮光する、など日常生活における警告を発表している。なお、環境関連で使用する微量・微小単位をまとめて表1.2.1に示す。

オゾン層は地球の誕生時には存在せず、地球の成長とともに形成されて、最初海中にしか住み得なかった生物が地上にでることを可能としたといわれている。言い換えると、オゾン層は地球をやさしく包みこんで生物を守る役目をしていることになる。

（2） オゾンホールとは

地球上の生物の生存にとってオゾン層は極めて重要であるが、近年全球的なオゾン全量は特に高緯度域の春季において著しく減少している。南極では1970年頃よりオゾン量が著しく減少していわゆる「オゾンホール」が存在することが認められた。このオゾンホールの規模はその後依然として増加の傾向が続いている。とくに春先（10月頃）の南極に多く、これはエアロゾル（煙霧質）と呼ばれる大気中に分散した液や固体などとの関係があるのか、南極の

表1.2.1 環境測定で使用する微量・微小単位

長さの単位
$1\,\text{mm} = 1000\,\mu\text{m}$
$1\,\mu\text{m} = 1000\,\text{nm}$
（マイクロメートル）（ナノメートル）
$1\,\text{nm} = 10^{-9}\,\text{m}$

濃度単位	
ppm：parts per million 10^{-6}：百万分の1	
ppb ：parts per billion 10^{-9}：10億分の1	
ppt ：parts per trillion 10^{-12}：1兆分の1	
ppmv, ppbv, pptv：vは体積濃度を表す。	
1％ ：100分の1	1ppm：100万分の1
1％ = 10000 ppm	1ppm = 1000 ppb

冬は-80度の低温場であり、上空の氷の粒中に蓄積された成分が春になって蒸散してオゾンが分解されるのか、北極圏では1980年代のオゾン層破壊は少なかったが、最近では北極オゾンホールといえるほどの状態となるのは何故か、などについて確たる説明はつかずいまだ研究段階にある。

2003年の南極域上空のオゾンホールのオゾン破壊量は過去最大、面積は過去2位であった。なお、2005年米海洋大気局NOAAは、衛星と地上観測の結果から地球全体のオゾン層の減少傾向に歯止めがかかっていると報告している。これはオゾン層を破壊する化学物質の規制の成果と考えられている。しかし長期的な減少の影響は残っており、オゾン層の回復には数十年かかると見られている。

図1.2.2に日本上空のオゾン全量の年平均値の推移を示すが、1993年における札幌上空のオゾン全量は1980年代より最大約10%減少し、また、つくば、鹿児島、沖縄でも同様な減少が測定されたが、その後のオゾン全量は微増の傾向が見られている。なお、オゾン濃度の測定は、国内では札幌、つくば、鹿児島、那覇、南鳥島および南極の昭和基地で行われている。図1.2.3にオゾン全量の観測例を示すが、札幌、つくば、那覇と南下するほどオゾン全量は少なくなっており、昭和基地ではオゾンホール（220m atm－cm以下の領域）が8～10月の期間に出現している。

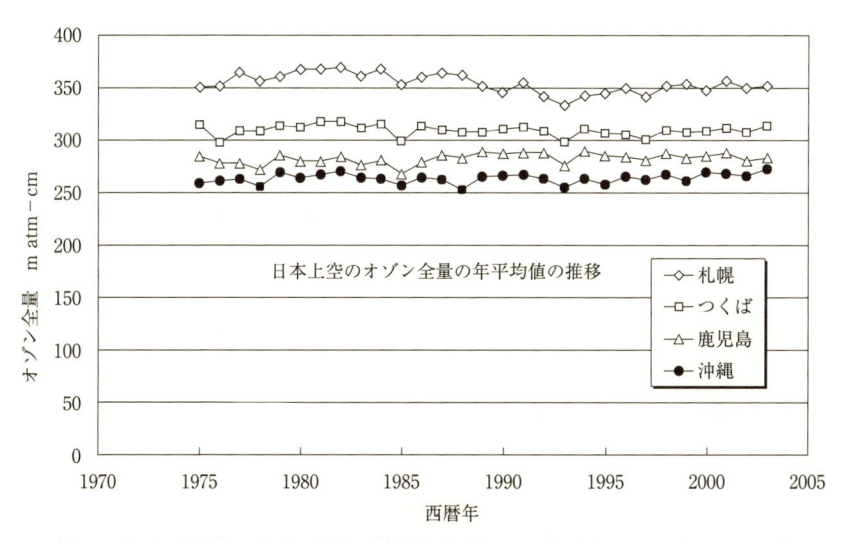

図1.2.2 日本上空のオゾン全量の推移（環境省編、環境統計集平成17年版より作成）

（m atm-cm）

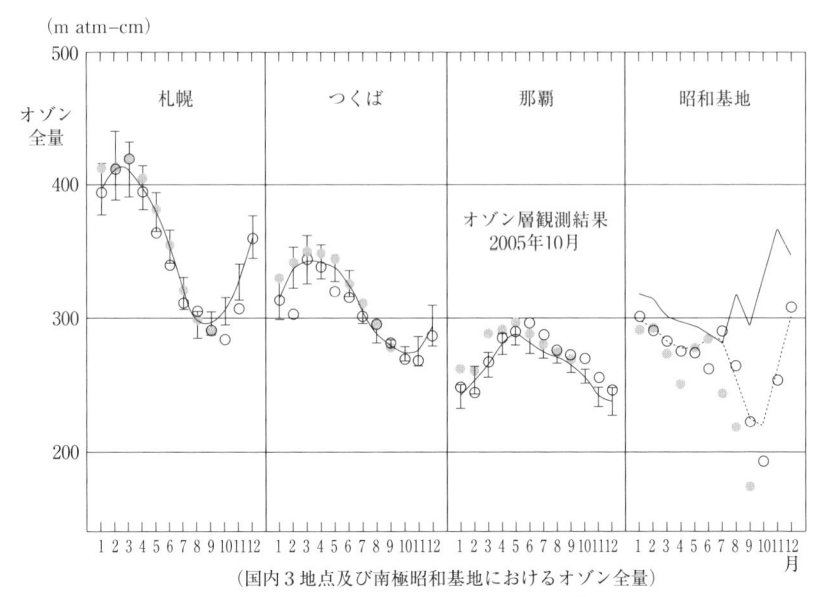

図中:札幌、つくば、那覇、昭和基地

オゾン層観測結果
2005年10月

（国内3地点及び南極昭和基地におけるオゾン全量）

● は2005年の月平均値、○は2004年の月平均値を示す。実線は参照値[2)]、縦実線は標準偏差を示す。
昭和基地の点線はオゾンホールが明瞭に現れるようになってから（1981～2000年）の月別平均値を示す。

注 1）オゾン全量：ある地点の上空に存在するオゾンの総量を表す。大気の上端から下端までの全層に存在するオゾンを全て仮に地表付近に集め、これを0℃、1気圧にしたときの厚さをいう。cm単位での数値を1000倍してm atm-cm（ミリアトムセンチメートル）という単位で表す。ドブソンユニット（DU）ともいう。

2）参　照　値：1971～2000年の月別平均値で、平均的なオゾンの状況を示す。ただし、那覇では1974（観測開始）～2000年、昭和基地ではオゾンホールが明瞭に現れる以前の1961～1980年の月別平均値。参照値との差が標準偏差以内にあるときは「並」、それより大きいときを「多い」、それより小さいときを「少ない」とする。

図1.2.3　日本上空のオゾン全量（出典：気象庁オゾン層情報センター）

2.2　オゾン層の破壊

（1）　オゾン層破壊の原因物質とは

　オゾン層を破壊する物質は、冷媒や発泡剤、洗浄剤、噴射剤などに広く使用されるフロン（CFCs、クロロフルオロカーボン）であるとされている。一般にフロンは炭素と塩素とフッ素の化合物であり、現代のこの快適生活の基本物質とか、アメニティ環境の産物と呼ばれており、用途によって多くの種類があ

る。1928年、米国のジェネラルモータ社の科学者が冷蔵庫用冷媒として発明したものであり、それまで主として用いられた冷媒のNH_3やCS_2が、腐食性や毒性という欠点を持っていたのに対して、このフロンは、無色・無臭、低毒性、不燃性、安定性、不活性、低腐蝕性という性質を持ち、この欠点を補うことで一躍注目を浴びて生産量も飛躍的に伸びた。1980年代後半には世界で年間110万トンのフロンが生産、使用されており、日本でも年間16万トンのフロンを出荷していた。しかしオゾン層破壊の元凶物質であることより1989年をピークにフロンの出荷量は減少し、2001年以降はCFC-11, 12, 113など塩素を含む5種類の特定フロンの出荷量は0となった。

　世界の特定フロンの生産量の推移を図1.2.4に示すが、特定フロン生産量の減少と塩素を含まない代替フロンHFC-134aの増加が著しい。フロンを使用することで大気中のフロン濃度は増加することになる。図1.2.5に大気中のフロン平均濃度の推移を示す。特定フロンの濃度は最近減少傾向、大気中での寿命の短いトリクロロエタン（CH_3CCl_3）は規制開始の1993年以降急速に減少しているが、代替フロンであるHFC-134aの濃度は増加しつつある。なお、代替フロンであるHCFC-22, 141bの大気中濃度も増加している。

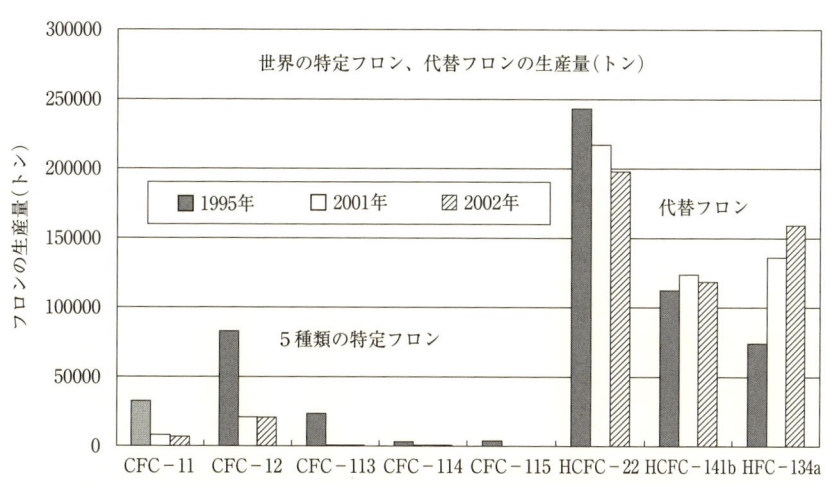

図1.2.4 世界のフロンの生産量（環境省編、環境統計集平成17年版より作成）

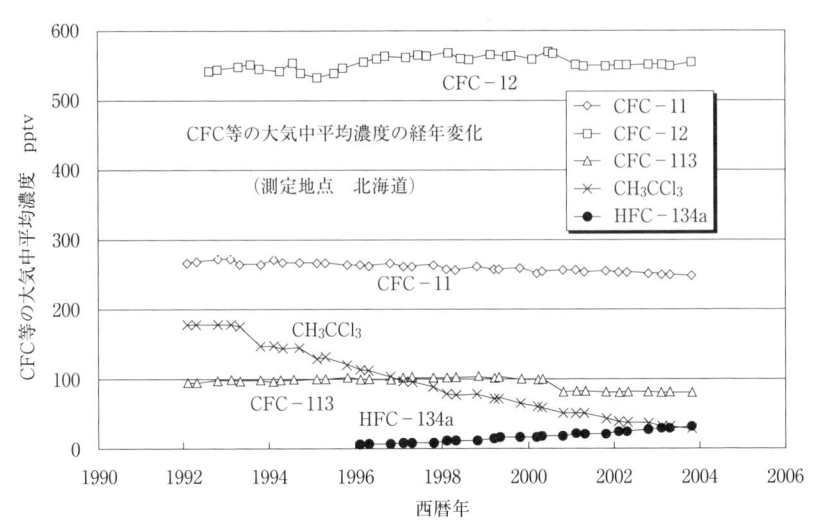

図 1.2.5 フロンの大気中平均濃度の経年変化(環境省編、環境統計集平成17年版及び東大巻出研資料より作成)

（2） オゾン層破壊のメカニズム

フロンは化学的に安定しており、大気圏に到達する太陽光のうち290nm以上の光では分解されない。成層圏では太陽光エネルギーのうち3％を占める紫外線の短波長光によりフロンは分解され、放出された塩素ラジカルClとオゾンO_3が反応する。フロン11（CFC-11, CCl_3F）の場合、オゾンは以下の反応式（1.2.1）〜（1.2.3）によって分解される。

$$CCl_3F + 光 \rightarrow Cl + CCl_2F \tag{1.2.1}$$

$$Cl + O_3 \rightarrow ClO + O_2 \tag{1.2.2}$$

$$ClO + O \rightarrow Cl + O_2 \tag{1.2.3}$$

式（1.2.2）によってオゾンO_3が破壊され、さらに式（1.2.3）で生成した塩素Clが式（1.2.2）のようにオゾンと再び反応し、これが繰り返される連鎖反応が生じることで、1つのフロン分子で1〜2万個のオゾンが破壊されることになる。また、フッ素に関してはフッ化水素HFが生成され、これは毒性を持つが安定しており、水溶性であることから、対流圏に拡散して雨に洗われ地表に戻るとされている。なお、米国航空宇宙局の地球観測衛星が南極上空のオゾンホールの画像データを送信するとともに、人為的なフッ化水素の存在を確認してお

表1.2.2 成層圏における全塩素量に対する寄与率(世界気象機構 WMO2002 データ)

化合物	用途	寄与率(%)
塩化メチル(CH_3Cl)	(自然由来、植物)	16
フロン11, 12, 113 (CCl_3F, CCl_2F_2, $C_2Cl_3F_3$)	冷媒、発泡剤、洗浄剤、溶剤	62
四塩化炭素(CCl_4)		12
トリクロロエタン(CH_3CCl_3)	フロン製造材料	4
代替フロン	洗浄溶剤	5
その他	冷媒	1

り、オゾン層破壊の原因が塩素を含むフロンであることを裏付けている。

　大気中のフロンはゆっくりと上昇し、オゾン層の高さ20～30kmにフロンが達するのに7～10年かかるといわれている。ということは、フロンの使用を中止したとしても、その後10年は影響が続くことになる。表1.2.2に、成層圏における全塩素量に対するフロンや塩化メチルなどの寄与率を示すが、CFC－11, 12, 113などの特定フロンから塩素が生成される可能性が最も高いことがわかる。

2.3　オゾン層保護への国際的取組み

(1)　オゾン層保護に向けての国際的取組み

　1985年、オゾン層保護のためのウイーン条約が採択され、オゾン層の変化からもたらされる環境の変化と、保護に対する国際協力の基本的枠組みが設定された。これを受けて、1987年、モントリオール議定書が締結され、具体的な規制内容として、5種類の特定フロンと3種類のハロンが規制された。以後5度にわたって議定書は改正され、規制が強化された。モントリオール議定書に基づく現在の規制スケジュールを表1.2.3に示す。このスケジュールに沿って、先進国においては、特定フロンは1995年末までに生産は停止された。一方、途上国においては2010年までに製造を中止することが決められている。なお、消火剤として用いるハロンはフロン中に臭素を含む物質であるが、臭素は塩素の100倍のオゾン破壊能力を持つといわれ、途上国においても2010年に全廃される。

表1.2.3 モントリオール議定書に基づく規制スケジュール(平成16年版環境白書)

物　質　名	先進国に対する規制スケジュール		途上国に対する規制スケジュール	
附属書A　グループI (特定フロン[1])	1989年以降 1994年 1996年	1986年比　100％以下 　　　　　25％以下 　　　　　全　廃	1999年以降 2005年 2007年 2010年	基準量比　100％以下 　　　　　50％以下 　　　　　15％以下 　　　　　全　廃
附属書A　グループII (ハロン[2])	1992年以降 1994年	1986年比　100％以下 　　　　　全　廃	2002年以降 2005年 2010年	基準量比　100％以下 　　　　　50％以下 　　　　　全　廃
附属書B　グループI (その他のCFC[3])	1993年以降 1994年 1996年	1989年比　80％以下 　　　　　25％以下 　　　　　全　廃	2003年以降 2007年 2010年	基準量比　80％以下 　　　　　15％以下 　　　　　全　廃
附属書B　グループII (四塩化炭素)	1995年以降 1996年	1989年比　15％以下 　　　　　全　廃	2005年以降 2010年	基準量比　15％以下 　　　　　全　廃
附属書B　グループIII (1,1,1-トリク ロロエタン)	1993年以降 1994年 1996年	1989年比　100％以下 　　　　　50％以下 　　　　　全　廃	2003年以降 2005年 2010年 2015年	基準量比　100％以下 　　　　　70％以下 　　　　　30％以下 　　　　　全　廃
附属書C グループI (HCFC[4]) 消費量	1996年以降 2004年 2010年 2015年 2020年	基準量(キャップ2.8％)比 　　　　　100％以下 　　　　　65％以下 　　　　　35％以下 　　　　　10％以下 　　　　　全　廃 (既存機器への補充を除く)	2016年以降 2040年	2015年比　100％以下 　　　　　全　廃
附属書C グループI (HCFC[4]) 生産量	2004年以降	基準量(キャップ2.8％)比 　　　　　100％以下	2016年以降	2015年比　100％以下
附属書C　グループII (HBFC)	1996年以降	全　廃	1996年以降	全　廃
附属書C　グループIII (ブロモクロロメタン)	2002年以降	全　廃	2002年以降	全　廃
附属書E　グループI (臭化メチル[5])	1995年以降 1999年 2001年 2003年 2005年	1991年比　100％以下 　　　　　75％以下 　　　　　50％以下 　　　　　30％以下 　　　　　全　廃	2002年以降 2005年 2015年	基準量比　100％以下 　　　　　80％以下 　　　　　全　廃

各物質のグループごとに、生産量及び消費量（＝生産量＋輸入量－輸出量）が削減される。
(1) CFC-11,12,113,114,115
(2) halon-1211,1301,2402
(3) CFC-13,111,112,211,212,213,214,215,216,217
(4) HCFC-21,22,31,121,122,123,124,131,132,133,141,142,151,221,222,223,224,225,226,231,
 232,233,234,235,241,242,243,244,251,252,253,261,262,271
(5) 検疫及び出荷前処理用として使用される臭化メチルは、規制対象外。
 各基準量の算定については、平成16年版環境白書を参照のこと。資料：環境省

　モントリオール議定書の採択を受けて日本では1988年に「特定物質の規制などによるオゾン層の保護に関する法律（オゾン保護法）」が制定され、フロンの生産規制が始まった。1993年にはハロン、1995年には特定フロン、1,1,1-トリクロロエタン、2005年には臭化メチルなどの生産が全廃された。現在はハイ

ドロクロロフルオロカーボン HCFC などの生産・消費削減とともに、フロンの代替物質をさらに開発することが求められている。

（2） 代替フロンとは

世界のフロン製造メーカーや販売・使用業界はフロン規制の国際的合意に対応しており、日本の自動車メーカでは、1995 年より冷媒用の代替フロンとして塩素を含まない HFC－134a を使用している。HFC－134a のオゾン破壊係数は 0 であるが、塩素の代わりに炭化水素 HC が入っており、後述する地球温暖化の原因物質となる点が気にかかる。HFC－134a の温室効果（温暖化係数）は CO_2 の 1300 倍であることより、ヨーロッパ連合 EU では 2011 年の新車からは HFC－134a の使用を禁止する方向としている。

代替フロンに要求される特性は、安全性があり、対流圏で分解しやすくオゾン破壊特性が低く、地球温暖化効果も小さく、低毒性、不燃性であり、かつ低価格であることである。現在冷媒や発泡剤として HCFC－22, 142b などが使用されているが、塩素を含むフロンであるために 2020 年に全廃することが決まっている。なお、代替フロン HFC－134a の大気中濃度が増加していることは前述した通りである。オゾン破壊係数 0 温暖化係数 0 の第三世代フロンの早期開発が望まれている。

2.4　フロンの回収と破壊処理

これまで製造され冷蔵庫やエアコンなどの冷媒として使用されてきたフロンが、廃棄物になったときに大気中に漏れ出さないことが重要な課題である。日本では平成 13 年に「フロン回収破壊法」が制定され、冷媒用フロン CFC, HCFC, HFC の適正な回収と破壊が義務付けられている。このため、平成 10 年に制定された家電リサイクル法に基づいて家庭用冷蔵庫およびルームエアコンが平成 13 年から、フロン回収破壊法に基づき業務用冷凍空調機器、カーエアコンが平成 14 年から、これらの廃棄時に機器中に残存しているフロン類の回収が義務付けられた。回収したフロン類は、再利用する分を除き国の許可を受けたフロン類破壊業者により分解・無害化処理されることになっている。表 1.2.4 に破壊処理技術を示す。廃棄物焼却炉、セメント・石灰焼成炉などに

表 1.2.4　フロン回収破壊法により構造に関する基準が定められているフロン類破壊施設（平成16年版環境白書）

破壊処理技術	内　　容
廃棄物混焼法方式施設	廃棄物焼却炉にフロン類を添加し焼却することにより破壊処理する。
セメント・石灰焼成炉混入法方式施設	セメント焼却炉として使用されるロータリーキルン又は石灰焼成炉にフロン類を添加し、焼却することにより破壊処理する。
液中燃焼法方式施設	助燃剤、水蒸気等とともに、フロン類を燃焼室に供給し、焼却することにより破壊処理する。
プラズマ法方式施設	プラズマ状態にした反応器内にフロン類と水蒸気等を注入し、加水分解することにより破壊処理する。
触媒法方式施設	加熱したフロン類と水蒸気等を反応器に注入し、触媒と反応することにより破壊処理する。
過熱蒸気反応法方式施設	過熱蒸気によりフロン類を破壊処理する。

よる混焼・破壊処理法や、プラズマ、触媒、過熱蒸気などによる分解処理方法がある。不完全分解ではダイオキシンが生成される可能性もあり、環境省ではCFC破壊処理ガイドラインを設けている。国連環境計画 UNEP では各国で開発された破壊処理技術を評価している。

　環境省は平成15年度のカーエアコンのフロン回収率は台数ベースで推定42％、業務用冷凍空調機器からの16年度フロン回収率は廃棄量ベースで推計31％であったと公表している。なお、カーエアコン付き自動車の廃棄の際は、2002年より「自動車フロン券」を購入することが必要である。

演 習 問 題

（1）　オゾン層破壊のメカニズムを化学式によって記述、説明せよ。
（2）　特定フロンと代替フロンを挙げ、地球環境に対する影響の違いを簡潔に説明せよ。
（3）　およそ3億5千万年前に地球の大気中の酸素濃度は現在と同じ値にまで増加し、動植物は海から陸へも住むようになった。それまで水中にいなければならなかった理由は何か。
（4）　特定フロンの生産は中止されているが、これまで使用されてきたフロンはどのような方法で処理されるのか、説明せよ。

第3章

地球温暖化

3.1 地球温暖化の状況

（1） 地球規模の温暖化とは

19世紀初頭、ロンドンの気候が温暖化しつつあることが確認されたのが最初であり、1988年に、NASAのHansenの米国上院における地球規模の温暖化に関する証言によって、温暖化が世界的に認識されるに至った。図1.3.1に地球全体と日本の年平均地上気温の平年差の測定結果を示すが、1980年代以降に気温変化が平均値を上回っている状況が読み取れる。

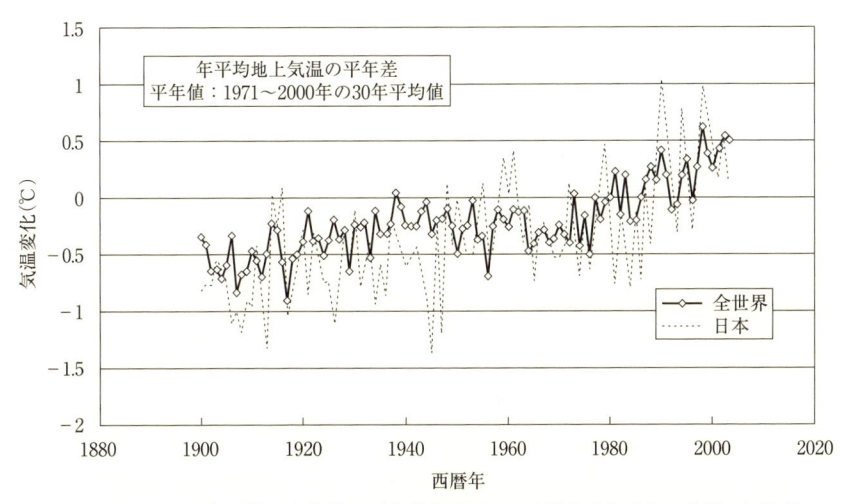

図1.3.1 年平均地上気温の平年差(環境省編、環境統計集平成17年版より作成)

2001年にまとめられた「気候変動に関する政府間パネルIPCC第3次評価報告書（IPCC 2001）」によれば、地球の平均地上気温（陸域における地表付近の気温と海面水温の平均）は20世紀の100年間で約0.6℃、平均海水面は10～20cmそれぞれ上昇したことなどが報告されている。また、極地などの海氷域面積が2005年過去最小を記録し、南極では平均気温の上昇により棚氷に亀裂が生じたこと、温暖化によるアラスカやシベリアでの永久凍土の融解や都市の基盤への影響と、後述する温室効果ガスであるメタンガスの永久凍土からの放出など、温暖化の兆候が世界各地から報告されている。

（2） 都市の温暖化傾向

東京、ニューヨーク等の大都市では、都市の温暖化いわゆるヒートアイランドが問題化している。ヒートアイランド現象とは、都市での高密度のエネルギー消費と、都市の地面がアスファルトやコンクリートで覆われていることから、夜間時の気温が下がらず、周辺郊外部と比較して気温が高く、等温線を描くと都市があたかも島のように見えることから名付けられた現象である。図1.3.2、1.3.3に東京の年平均気温および熱帯夜日数の経年変化を示すが、この30年間に平均気温は1℃以上上昇し、熱帯夜日数は2倍以上にもなってい

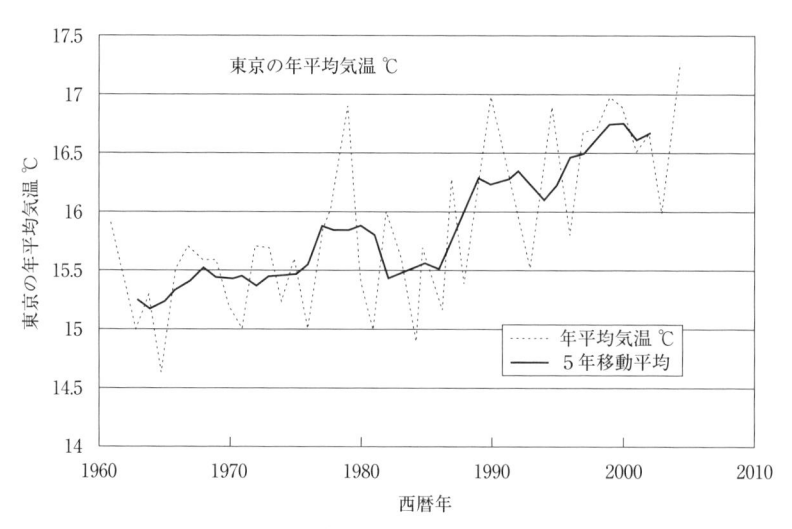

図1.3.2 東京の年平均気温（気象庁データより作成）

第 3 章　地球温暖化

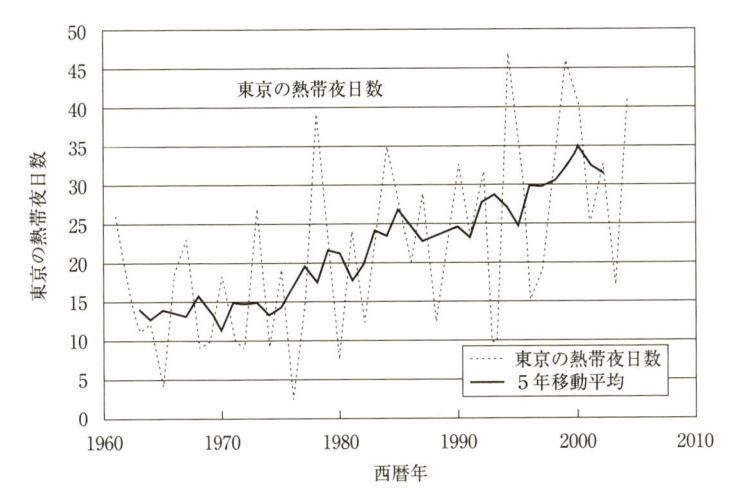

図 1.3.3　東京の熱帯夜日数(気象庁データより作成)

ることがわかる。

3.2　地球表面の温度

（1）　**地表の温度バランス**……地表の温度はどこから決まるのか

　地球は太陽光エネルギーを受けながら、一方ではふく射により熱を放散しており、この入射、放射エネルギーのバランスから、地表温度が決定される。

$$\pi r^2 S(1-A) = 4\pi r^2 \varepsilon \sigma Ts^4 \qquad (1.3.1)$$

　　　　入射エネルギー　　放射エネルギー

- r：地球の半径　6400 km
- S：太陽入射エネルギー　1370 W/m^2
  （地球近くの宇宙空間での太陽エネルギーで太陽定数と呼ばれる）
- σ：ステファンボルツマン定数　5.67×10^{-8} Wm^{-2}K^{-4}
- A：太陽光に対する地球平均の反射率　0.3
- ε：地表面のふく射率（温暖化により小さくなる）
- Ts：地表の温度 [K]（温暖化により高くなる）
- ε：ふく射率　$\varepsilon = 1 - \gamma$

γ:大気の赤外線吸収率(温室効果なしでは $\gamma = 0$)

後述する温室効果ガスが存在すると大気の赤外線吸収率 γ は大きくなり、したがってふく射率 ε が小さくなって、その結果地表の温度 Ts が高くなる。大気中の CO_2 や水蒸気は赤外線を吸収して、地表と大気からの赤外放射を防ぐので、温室効果が生じる。地球に大気がないとすると、その温度 Ts は式(1.3.1)より 255 K(-18℃)と計算される。現在の大気の平均温度は約14℃、その差の 32℃ は地球形成時より大気ができて温暖化したものといえる。このように、太陽光線は通すが室内の熱は外へ逃がさないことより、温室効果(Green House Effects)という言葉が生まれた。しかし、地球上の生物の成育には適度の温室効果が必要であった。

(2) 地球外惑星の大気成分と表面温度……今、金星が熱い

地球と地球外の惑星の大気成分と表面温度を表 1.3.1 に示す。太陽に近く大気中の CO_2 濃度の高い金星は、温室効果により温度はかなり高い。火星は CO_2 濃度が高いにもかかわらず太陽から離れていることより、表面温度は金星と比較して低い。地球の CO_2 濃度は低いが金星と火星の中間の温度域を保っている。

表 1.3.1 地球と地球外の惑星の大気成分と表面温度

	CO_2 %	N_2 %	O_2 %	Ar %	H_2 %	He %	表面温度 K
金星	96.5	3.5	–	–	–	–	737
地球	0.04	78.1	20.9	0.9	–	–	288
火星	95.3	2.7	–	1.6	–	–	220
木星	–	–	–	–	82	18	120
土星	–	–	–	–	94	6	90

3.3 温暖化の原因

(1) 温室効果ガスとは

大気中の温室効果ガスとは、CO_2, CH_4, N_2O、フロンなどのことを示す。一般に、大気中の N_2, O_2, H_2O 以外の微量成分 CO_2, CH_4, N_2O, NH_3 をトレースガ

スといい、赤外線を吸収するものが多い。つまり温室効果ガスは赤外線吸収率 γ が大きく、$\varepsilon = 1 - \gamma$ で表されるふく射率 ε が小さくなるガスのことである。近年大気中のトレースガス濃度が増加している。表1.3.2に温室効果ガスの特徴を表す。各ガスが1ppb（1ppbは10億分の1）大気中に存在することで上昇する温度割合を温暖化ポテンシャル［℃/ppb］という。この値は、CO_2 が 4×10^{-6}、CH_4 は 10^{-4}、N_2O は 10^{-3}、フロンは 0.07～0.1 である。なお、亜酸化窒素 N_2O の大気中濃度は約320ppbであり、土壌中の微生物分解や化石燃料の燃焼から発生する。メタン CH_4 の大気中濃度は現在1.7ppmであり、水田、沼、湿原、家畜、埋立て場、天然ガス田が発生源である。図1.3.4に、気候変動に関する政府間パネル IPCC 2001 による温室効果ガスの温暖化への寄与度を示す。CO_2 の温暖化への寄与度が高いこととともに、メタンや亜酸化窒素、フロンの温暖化への寄与も大きいことが示されている。

（2） 二酸化炭素の発生量

二酸化炭素 CO_2 は化石燃料の燃焼や人間の呼吸からも発生するが、CO_2 の発生量のうち、80％は化石燃料の燃焼により排出されるものであり、20％は森林の伐採、焼失や土壌などから発生するものである。この他、CO_2 は火山活

表1.3.2　温室効果ガスの性質と特徴

温室効果ガス		地球温暖化係数	性　質	用途・排出源
二酸化炭素 CO_2		1	大気中に0.03％含まれる	消火剤、ドライアイスとして使用、化石燃料燃焼、火山
メタン CH_4		23	天然ガスの主成分	燃料であり、水田、家畜糞尿、ごみの埋立て場より排出
亜酸化窒素 N_2O		296	麻酔作用あり 笑気ガス	燃料の燃焼、工業プロセス 3元触媒後流より排出
オゾン層を破壊するフロン CFC、HCFC		数千から1万程度	塩素を含むオゾン破壊物質、化学的に安定	冷凍機の冷媒、噴射剤 洗浄剤
オゾン層を破壊しないフロン	HFC	数百から1万程度	強力な温室効果あり	冷凍機の冷媒、噴射剤
	PFC	数千から1万程度	強力な温室効果あり 成分は炭素とフッ素	半導体製造プロセス
	SF6	22000	強力な温室効果あり 成分は硫黄とフッ素	電気の絶縁体

温室効果ガスの地球温暖化への寄与度(2001)

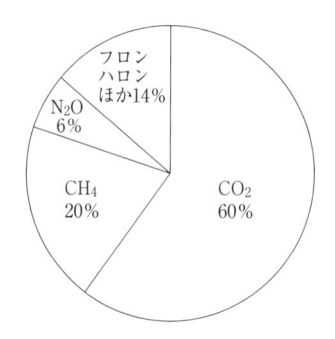

- フロンハロンほか 14%
- N_2O 6%
- CH_4 20%
- CO_2 60%

図 1.3.4 温室効果ガスの地球温暖化への寄与度(IPCC 2001 データより作成)

動からも発生しており、1986年のカメルーンのニオス湖では火山活動によりCO_2が蓄積・噴出して約1700名が死亡している。なお、人間の呼吸については、1人当たり1日O_2 0.75 kgを消費して、CO_2 1 kg(炭素換算で273 g)を排出している。

OECD経済開発協力機構の2002環境データによると、エネルギー利用のみによるCO_2の人為的排出量は世界で約240億トン、日本では約12億トンである。なお、森林減少分や、土壌から発生するCO_2を含めると、世界のCO_2全発生量は年間約260億トンである。

国別CO_2排出割合(2002)

CO_2排出量 241億トン (2002年)

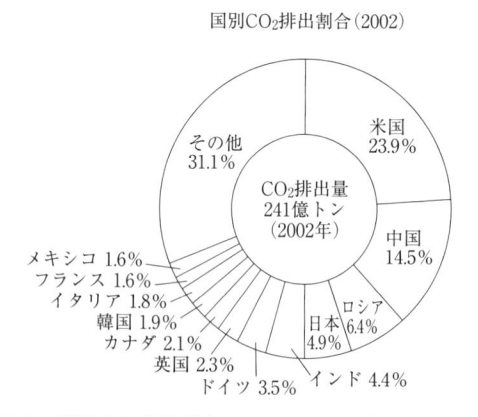

- 米国 23.9%
- 中国 14.5%
- ロシア 6.4%
- 日本 4.9%
- インド 4.4%
- ドイツ 3.5%
- 英国 2.3%
- カナダ 2.1%
- 韓国 1.9%
- イタリア 1.8%
- フランス 1.6%
- メキシコ 1.6%
- その他 31.1%

図 1.3.5 国別CO_2排出割合(エネルギー・経済統計要覧2005年版より作成)

図 1.3.5 に、各国の化石燃料の燃焼等エネルギー起源による CO_2 の発生量を示す。エネルギー起源による世界の CO_2 発生量約 240 億トンのうち、米国は 1/4 を排出している。また米国、中国、ロシア、日本、インドなど上位 7 カ国で世界の排出量の 60％を占めている。世界の人口を 60 億人とすると、エネルギー起源の CO_2 は 1 人当たり年間約 4 トン排出していることになる。なお、世界各国の 1 人当たりの年間 CO_2 排出量は、米国 20 トン、豪州 18 トン、カナダ 14 トン、ロシア 10 トン、日本は 9.5 トンである。

（3） 大気中の二酸化炭素濃度と温暖化

図 1.3.6 にハワイ・マウナロア山の大気中 CO_2 濃度の経年変化（例年 5 月に濃度最大となり、森林活動活発となる夏以降、9 月に CO_2 濃度は最小となる）を示すが、近年ますます増加していることがわかる。地球全体では 1983 年から 2002 年の平均で年に 1.6 ppm の割合で増加している。日本における 2004 年の大気中 CO_2 の年平均濃度は、岩手県綾里で 380.3 ppm、南鳥島で 378.3 ppm、与那国島では 380.0 ppm で、各地点とも前年に比べて 1.7 ppm 増加している。

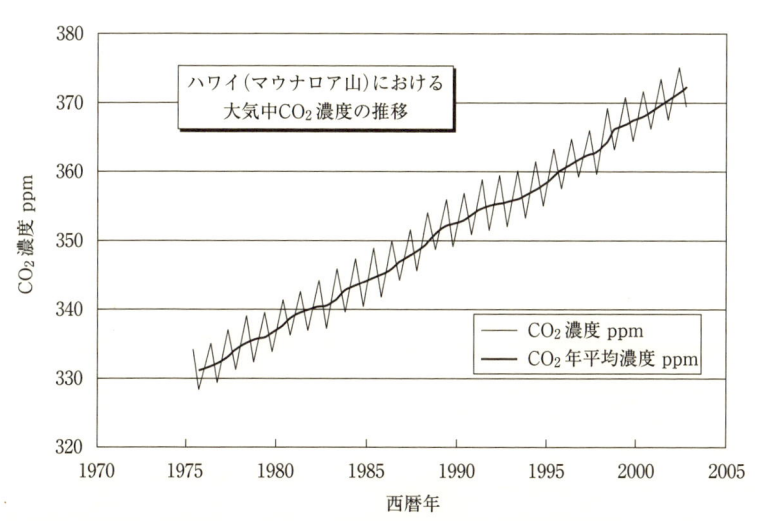

図 1.3.6 ハワイ・マウナロア山における大気中 CO_2 濃度の推移（気象庁データ、年最大・最小濃度値より作成）

地域別に見ると、北半球は工業化が進んでいることによりCO_2濃度は高く、南極ではこれより数ppm低い。数百年前の大気中のCO_2濃度は、南極やグリーンランドの約2000mの厚さの氷床中に含まれる気泡分析より求めることが可能であり、現在約20万年前までさかのぼってわかる。これより、産業革命以前は280ppmであったとされている。

重要なことは、図1.3.1に示される地球温暖化の傾向が、図1.3.6のCO_2濃度の増加傾向と類似していることである。後述するが、CO_2の発生吸収の定量的把握は十分ではなく、地球温暖化とCO_2との因果関係が必らずしも明確とはいえないが、ほぼCO_2等の温室効果ガスにより、温暖化が進んでいることが認識されている。アメリカ科学アカデミーNSAのアセスメントによると、CO_2倍増による地球地表気温の上昇は平均3±1.5℃、極域ではこの2～3倍である。

（4） ミッシングシンク……どこへ消えたCO_2

世界で年間約260億トンのCO_2が発生しているが、このうち約半分は大気中に蓄積し、1/4が海洋に吸収されるが、残りの1/4は行方不明である。このミッシングシンク（吸収先不明）と呼ばれる不明な部分については、森林や海洋において吸収されるという説があるが、定量的把握が完全でないために、温暖化とCO_2との因果関係が明確でないというとらえ方もある。

（5） 化石燃料燃焼による二酸化炭素の生成

化石燃料燃焼によるCO_2の生成が最も多いが、重油やガソリンの燃焼により生成される排ガスの概算量を図1.3.7に示す。毎月1000km走行するガソリン自動車1台（質量1トン）から、年間約3トンのCO_2が排出される計算になる。

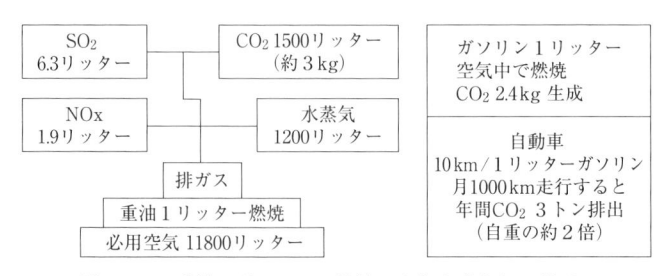

図1.3.7　重油やガソリンの燃焼により生成される排ガス

第3章 地球温暖化

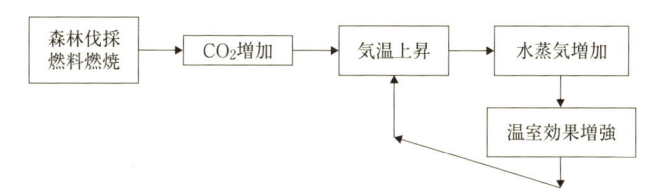

図 1.3.8 水蒸気増加による温室効果の増強

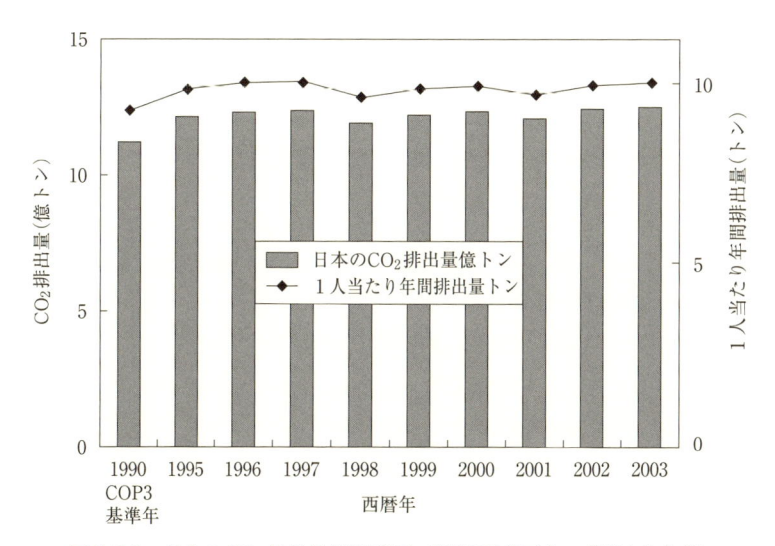

図 1.3.9 日本の CO_2 排出量（環境省編、環境統計集平成17年版より作成）

（6） 二酸化炭素の吸収と温室効果の循環

CO_2 は海洋での吸収とともに、植物の二酸化炭素同化作用により吸収される。森林伐採や燃料燃焼の結果として CO_2 が増加し、気温が上昇して大気中の水蒸気が増加することより、図1.3.8示すように温室効果がさらに増強されることが考えられる。

（7） 日本における温室効果ガスの状況

図1.3.9に日本の CO_2 排出量の推移を示す。CO_2 排出量は1990年の11.2億トンから2010年には13億トンにまで増加すると予測すると、京都議定書におけるCOP3基準年の1990レベルからの削減目標6％は約2.5億トンに相当す

日本の部門別CO₂排出量の割合(2003)

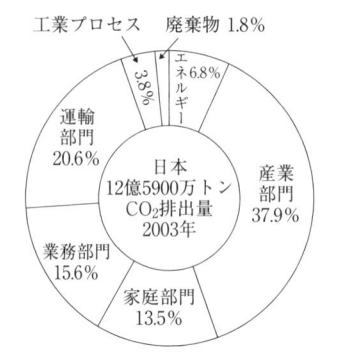

- 工業プロセス 3.8%
- 廃棄物 1.8%
- エネルギー 6.8%
- 運輸部門 20.6%
- 産業部門 37.9%
- 業務部門 15.6%
- 家庭部門 13.5%
- 日本 12億5900万トン CO₂排出量 2003年

図 1.3.10 日本の部門別 CO_2 排出量の割合（環境省編、環境統計集平成 17 年版より作成）

る。なお、2003 年度における温室効果ガス総排出量は CO_2 換算で 13 億 3900 万トン、代替フロン等 3 ガス（HFC, PFC, SF_6）は約 2600 万トンであり、1995 年の排出量のほぼ半分である。

2003 年における日本の部門別 CO_2 排出割合を図 1.3.10 に示す。産業部門から発生する CO_2 が 38％、運輸部門が 21％、エネルギー部門が 7％であり、運輸部門の約半分は自家用乗用車から排出されるものである。温室効果ガス 6％の削減に関連して、どの部門に排出抑制を課すかは今後の検討課題である。

3.4 温暖化防止の対策

（1） エネルギー効率の改善……自動車の燃費を下げよ

日本における CO_2 の部門別排出シェアは図 1.3.10 より、自動車などの運輸部門が 21％となっており、とくに大都市周辺では自動車から排出される CO_2 の割合がさらに高いので、自動車の熱効率、エネルギー効率の改善が望まれる。今後、ハイブリッド車の市場参入、燃料電池技術の発展を含めて、省エネルギー技術や新エネルギー源を開発することにより CO_2 の発生量を削減する必要があるといえる。

（2） 新エネルギーの開発の現状

新エネルギー開発の中で自然エネルギーを用いるものは、太陽光、風力、波

力、地熱等があり、その一部は実用段階に近づきつつある。たとえば、日本での太陽光発電の累積容量は世界一であり、今後も住宅用システムへの採用増加が見込まれている。一方、風力発電は多くの地域や離島で実用化されつつあり、地熱発電も数カ所の井戸で行われている。2002年新エネルギー発電法案が成立し、米国、ドイツなどと同様に電気事業に一定量以上の新エネルギー導入を義務付けている。

　a．風力発電

　2004年末の累積風力発電容量は、世界風力エネルギー協会によると世界全体で4760万kWである。累積発電容量はこの10年間で約15倍に伸びており、2000年以降も毎年2桁の伸びである。累積発電容量のうち欧州が約3/4を占める。発電容量はドイツ、スペイン、米国、デンマークの順に多く、それぞれ世界全体の35％、17％、14％、7％を占めている。日本は90万kWでこれは世界の2％に過ぎないが、政府は2010年には300万kWの発電容量の導入を目標としている。世界の風力発電容量は米国の900万世帯を賄える電気容量である。ドイツの発電量は標準的な風況の場合に国内電力需要の約6％を賄える量である。デンマークでは1994年には電力の3％を風力で賄っていたが、2003年には電力の20％を風力で賄うまで増加しており、新規導入の大部分は洋上発電である。米国の場合、電力の約50％は石炭による火力発電、20％は原子力であり、風力発電の占める割合は1％以下である。カリフォルニア州には15000基の風力発電機があり、サンフランシスコ全体の電力への対応も可能であるといわれている。発電コストも効率的稼動によりLNG、石炭の場合のコストに匹敵する価格になりつつある。

　風力発電の問題は、景観を損なうことや野鳥の生態に影響すること、電力需要地から遠い所に風力発電機があり、送電の問題が生じることなどである。また、無風で発電できない時は、ガスタービン発電等とセットにする必要があると考えられている。

　b．太陽光発電

　2003年末における世界の太陽光発電の累計導入量は180万kWである。日本の導入量は86万kWと世界の約50％を占めており、1997年以来世界第1位を続けている。日本に続いてドイツ、米国、オーストラリアの太陽光発電の累計導入量が多い。日本では政府の積極的支援により導入はさらに進み、2004年に

累計導入量は113万kWと増加している。政府は2010年には482万kWの太陽光発電の導入を目標としており、このうち390万kWは住宅用システムへの導入を見込んでいる。日本ではソーラハウスなど住宅用システムが実用段階に入っており、発電コストは高いが余剰電力を電力会社へ売るシステムも構築されていることから、今後さらに普及する可能性は十分あると考えられている。

太陽電池の変換効率は、アモルファスで10％、多結晶シリコンでは15％であり、単結晶シリコンで20％、ガリウムひ素では30％が研究段階で得られている。現在、実用的な電池の効率は10％以上になっており、2001年の日本における発電コストは46〜66円/kWh前後であるが、政府は25円/kWh前後を目指すプロジェクトを推進している。電池の価格が現在の1/3〜1/5となれば、さらに普及すると考えられる。

（3） 二酸化炭素の処理・再利用技術とは

海洋生物や植物を利用して排ガス中のCO_2を吸収させる方法や、CO_2を化学的に分離し、固定化・再資源化する技術の開発が進められている。CO_2をアミン類と反応させて固定し深海底へ廃棄する方法や、ドライアイスや液体として深海投棄するなどの海洋貯留法が模索されたが、生態系への影響がはかりきれず、また、メタノール合成、人工光合成などの検討や、バイオマスエネルギー利用によるCO_2削減法が提案されているが、いまだに最適と考えられる方法は見当たらない。

（4） 温暖化防止への国際的取組み

第1章で述べたように、2005年2月京都議定書が発効し、1990年を基準年として2008年から2012年の5年間の平均で温室効果ガスの削減率を、日本6％、米国7％、欧州連合EU 8％とすることとなった。先進国全体では2012年時点で5.2％削減となる。対象とする温室効果ガスは、二酸化炭素（CO_2）メタン（CH_4）などの6種類である。しかしCO_2の最大排出国である米国はCO_2を温暖化の原因とする根拠はないとして京都議定書より離脱している。

図1.3.11に先進国の温室効果ガス排出量の基準年（1990年）からの経年変化を示す。2003年度において日本、カナダは議定書から離脱している米国、豪州とともに基準年より12〜25％増加している。一方、米国カリフォルニア

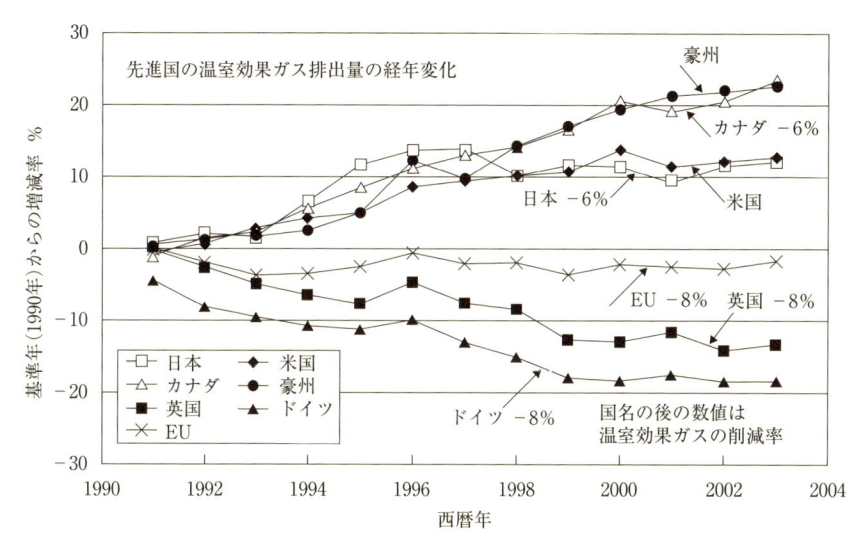

図 1.3.11 先進国の温室効果ガス排出量の経年変化（主要温室効果ガスデータ（気候変動枠組み条約事務局）より作成）

州では 2002 年温室効果ガス削減法が成立しており、2009 年式新車より CO_2 を段階的に規制する提案が採択された。しかし米国自動車協会や自動車業界は反発している。

（5） 地球温暖化の後に来るもの

気候変動に関する政府間パネル IPCC 2001 の将来予測によると、21 世紀末までに二酸化炭素濃度が 540～970 ppm に上昇し、1990 年から 2100 年までの全球平均地上気温の上昇は 1.4～5.8℃である。これは IPCC 1996 による予測 1.0～3.5℃よりも大きいが、これは冷却効果を持つ硫黄酸化物の予測排出量が減少したことおよび温室効果ガスが増加するシナリオを含めたことによる。また、海面上昇については、現状が放置された場合 21 世紀末には地球全体で約 9 cm から 88 cm 上昇すると予測されている。海面上昇によって沿岸にある多くの都市の中には水没する都市が出てくることが予想され、海面水位が 2080 年代までに 40 cm 上昇する場合でも、浸水被害を受ける恐れのある人口は世界で 7500 万人から 2 億人になるとされている。

国立環境研究所では温暖化の及ぼす影響について解析を進めており、温暖化

表 1.3.3 地球温暖化と日本(出典:環境省地球温暖化問題検討委員会報告書)

項 目	主 な 影 響
平均気温と降水量	全国の年平均気温は過去100年あたり約1℃上昇、都市部ではこの2倍以上の温度上昇が観測されている。上空の成層圏上部の気温は下降傾向である。今後100年間の全球年平均地上気温の昇温量は+3.6℃であるが、日本付近ではこれよりやや大きく、南日本で+4℃、北日本で+5℃である。
森林生態系	温暖化によって、冷温帯の代表的な森林であるブナ林は分布下限域が照葉樹林などに移行、ミズナラ林になる可能性がある。マツ材線虫病の被害の拡大が予想される。気温上昇により、ブナ帯に成林しているスギ・ヒノキ造林地の多くが、ブナ帯からシイ・カシ帯で生育する。
土壌環境	海水面上昇により東北・北陸部の低海岸地域で農業土壌の地下水位上昇、塩類化が進行する。気温上昇による土壌呼吸増加により土壌有機物質の無機化が早まり、土壌微生物相は単純化する。
食料	日本のコメは温暖化により高緯度地域では生産量増加、低緯度地域では高温による生育障害が起こる。なおCO_2の上昇により到穂日数は短縮し収量は増加する。大豆、小麦、トウモロコシなど輸入に頼る作物は、生産国の気候変動の影響を受けることとなり、食料安全保障に対する重大な懸念要素となる。
水資源	河川は3℃の気温上昇による流量減少と10%の降水量増加による流量増加が渇水期には相殺するが、洪水の恐れは増大する。上水道の需要は3℃の気温上昇によって1.2〜3.2%増加する。
海水温度海面上昇	近年日本海深層での水温上昇が顕著であるが、日本近海表層では長期的な昇温傾向は顕著ではない。海面上昇はここ100年、三陸沿岸で海面上昇、日本海沿岸で海面下降という傾向を示している。海面上昇の結果、地下水位の上昇、塩水化が生じ、基礎地盤の支持力と液状化強度の低下をもたらす。
沿岸域の特性	海に面する市町村には人口の46%、工業出荷額の47%、商業販売額の77%が集中している。海面上昇により海岸保全施設の機能と安全性が低下する。海面上昇により干潟が消失する。
産業・エネルギー	国民の消費構造の変化に伴い、産業構造が変化する。平均気温が1℃上昇すると、夏物商品の消費が5%増加し、電力需要は約500万kW増加する。都市のデータでは平均気温が上がると家庭用エネルギー消費(冷房・暖房・動力の和)は低下する。
健康への影響	暑熱への適応力が低い高齢者について、リスクの高い疾患と日最高気温、大気汚染との関係から、夏季に熱中症や肺炎の罹患率が日最高気温の上昇につれて増加する。

後の予測を公表している。これによると、地球温暖化が進むと、豪雨は全体的に激しくなる一方、年間降水量の変化には地域差があり、北米や中国などで渇水と水害の危険性が同時に高まる地域もあることや、北米の中、南部、中国南部、地中海周辺などでは一時期に雨が集中するため、水害とともに渇水の恐れありとしている。日本では環境省が2001年に「地球温暖化の日本への影響2001」報告書をまとめており、その概要を表1.3.3に示す。日本においても温

暖化による気温上昇、海面上昇が予測され、気象への影響とともに、陸上生態系、農林水産業、水資源と水環境、海洋環境、社会経済、人の健康など広い範囲で影響が生じる恐れがあることが指摘されている。

　一方、気象庁は2005年、世界と日本の長期的な気候変動や異常気象の予測をまとめた「異常気象レポート」を発表している。この報告によると、世界の年平均温度は2100年には現在より2.5℃上昇すると予測されている。また極地の海氷域面積は2005年に最小を記録、日本の海面水位は過去100年の平均よりも約7cm上昇したことなど地球温暖化を裏付ける結果も明らかにされている。なお100年後の日本では年降水量が増加、集中豪雨は多くの地域で増加するとしている。

演習問題

（1）現代文明はCO_2を大気へ放出することにより成り立っている。この大量のCO_2をどう処理したらよいのか、CO_2固定法、再利用法を述べよ。

（2）ミッシングシンクとは何か説明せよ。

（3）地球に大気がなく温室効果がない場合の地表温度を計算せよ。
（答：-18℃　ヒント：式（1.3.1）を用いよ）

（4）地球温暖化により海水の温度が100mの深さまで平均2℃上昇したとすると、海水の膨張によって海水面は何cm上昇することになるか。海水の膨張率を0.21×10^{-3}/℃とせよ。
（答：4.2cm）

第4章

酸 性 雨

4.1 酸性雨（酸性降下物）

（1） その定義と影響、問題点

　酸性降下物はその状態によって酸性雨、酸性雪および酸性霧（湿性沈着という）と、ガスやエアロゾルの形態で沈着するもの（乾性沈着）があるが、本章では合わせて酸性雨と呼び話しを進めよう。酸性雨の存在が最初に認識された場所は、19世紀中頃産業革命時代のイギリスの工業都市マンチェスターである。イギリスの科学者ロバートスミスは、工業地帯の降水を分析して大気汚染と酸性雨の関連性を指摘し、1872年に出版した「大気と雨」の中で「Acid rain」として使用したことが酸性雨という言葉の始まりといわれている。

　近年、酸性雨により、湖沼や河川の酸性化による魚類への影響、土壌の酸性化による森林への影響、建造物や文化財への影響などが懸念されている。酸性雨の酸性度を示す指標として、水素イオン濃度指数 pH が用いられている。pH とは、溶液の酸性の強さを 0～14 の数値で表し、pH の値が小さいほど酸性が強い。大気中の雨については、CO_2 が大気中から溶け込んでいるために、自然雨であっても中性（pH 7）ではなく pH 5.6 である。畑から NH_3 が排出されるなどのアルカリ源があると、pH 5.6 以上となることもある。一般に pH 5.6 未満の降雨を酸性雨と呼んでいる。図 1.4.1 に示すように、pH 4～5 はトマトジュースやレモンジュース程度の酸味である。pH の数値が 1 異なるごとに酸性度は 10 倍違う。つまり数値が 2 小さくなると、酸性度は 100 倍となる。酸性雨による影響は今日ヨーロッパを始め北米、中国、東南アジアなどを中心に発生しており、国際的な問題となっている。

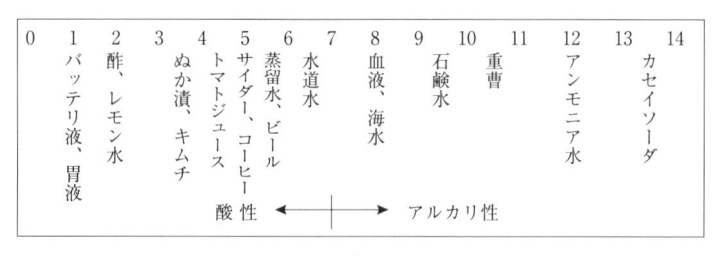

0	1	2	3	4	5	6	7	8	9	10	11	12	13	14
バッテリ液、胃液	酢、レモン水	ぬか漬、キムチ	トマトジュース	サイダー、コーヒー	蒸留水、ビール	水道水		血液、海水	石鹸水	重曹		アンモニア水		カセイソーダ

酸性 ←——|——→ アルカリ性

図 1.4.1　各液の pH 値

（2）酸性雨の原因

酸性雨の生成機構としては、工場や自動車などからの排煙中の大気汚染物質である SO_x、NO_x、HCl などから、硫酸イオン、硝酸イオン、塩素イオンが大気中で生成され、やがて酸性雨、酸性降下物となるとされている。これらの汚染原因物質は発生源から数千 Km 離れた地域にも影響を及ぼす性質を持っており、国境を越えた広域的な現象とされている。なお SO_2 は火山からも排出される。日本では、中国、韓国の工業化による NO_x、SO_x などが偏西風で日本へ飛来しており、降雨中の酸性物質の約6割は大陸からとの指摘[32]もある。すなわち、もらい公害ということになる。以下の式に、酸性雨原因物質と大気中の水分から硫酸、硝酸などが生成される状況を示す。

$$SO_2 \rightarrow SO_3 \qquad SO_3 + H_2O \rightarrow H_2SO_4 \qquad (1.4.1)$$
$$\text{硫酸}$$

$$NO \rightarrow NO_2 \qquad 2NO_2 + H_2O \rightarrow HNO_3 + HNO_2 \qquad (1.4.2)$$
$$\text{硝酸}\quad\text{亜硝酸}$$

4.2　世界の酸性雨の被害状況

（1）ヨーロッパにおける被害状況……名所旧跡見学はいまのうちに

ヨーロッパでは 1960 年代から北欧で酸性雨の被害が生じ始めた。酸性雨による被害は、農作物や森林の枯死、減退に見られ、また酸性雨により湖沼の生態系の破壊が進むが、この被害は長期にわたり蓄積されてから顕著となるという特徴がある。また、酸性雨が大理石を中和するために、パルテノン神殿、ローマの遺跡、ケルン大聖堂などの歴史的建造物への影響も出ている。大理石ばかりでなく石灰をも溶かすために、現代の建物でも風化が進んでいる。コン

クリートのモルタル部分が溶け出してできる「コンクリートつらら」がそのよい例である。以下の式に酸性雨による大理石 $CaCO_3$ の反応式を示す。

$$CaCO_3 + H_2SO_4 \rightarrow CaSO_4 \cdot H_2O + CO_2 \qquad (1.4.3)$$
　　　大理石　硫酸　　　石こう

なお、硝酸と大理石の反応では硝酸カルシウム $Ca(NO_3)_2$ が生成される。
表1.4.1にヨーロッパ各都市における降雨中 pH の年平均値を示すが、最近はやや汚染状況が改善されており、pH5以上の都市が増加している。酸性雨の原因となる大気中の SO_2 濃度分布を図1.4.2に示すが、欧州における2010年の予想図では1990年と比較して汚染は改善されると予想されている。

（2） 黒い三角地帯とは

後章の大気汚染の箇所において詳述するが、ドイツ、チェコ、ポーランドの3国国境付近の山脈地帯は黒い三角地帯と呼ばれ、世界で最も深刻な酸性降下

表1.4.1　欧州の酸性雨の状況(降雨中 pH の年平均値)

出典：環境省編、環境統計集平成17年版

国　名	地点名	1990年	1995年	1998年	2000年	2002年
アイスランド	イラフォス	5.38	5.55	5.88	5.58	5.63
アイルランド	バレンシア	5.20	5.04	−	−	5.38
イギリス	ヤーナーウッド	4.89	4.84	5.01	−	4.77
イタリア	モンテリブレッティー	−	4.83	4.23	4.60	4.98
オーストリア	イルミッツ	4.50	5.06	4.96	5.31	4.99
オランダ	コルムルワード	−	5.14	5.08	5.25	5.40
スイス	パイエルヌ	4.93	5.10	5.22	5.37	5.13
スウェーデン	ロルビック	4.28	4.39	4.57	4.45	−
スペイン	ログローニョ	5.72	6.72	6.44	6.54	−
スロバキア	チョポク	4.27	4.67	4.47	4.55	4.64
チェコ	スプラトゥフ	4.34	4.54	4.70	4.75	4.78
デンマーク	タンゲ	4.49	4.68	4.82	−	−
ドイツ	ドイゼルバッハ	4.64	4.75	4.75	4.82	4.80
ノルウェー	ビルケネス	4.37	4.47	4.51	4.56	4.71
ハンガリー	ケチュケメート	4.99	4.83	5.83	5.79	5.71
フィンランド	アータリ	4.57	4.61	4.77	4.73	4.83
フランス	ラハーグ	4.68	5.05	4.96	5.04	5.03
ベルギー	オファーニュ	5.31	−	−	−	−
ポーランド	スバウキ	4.27	−	−	−	−
ポルトガル	ブラガンサ	5.41	5.92	5.33	5.52	5.98

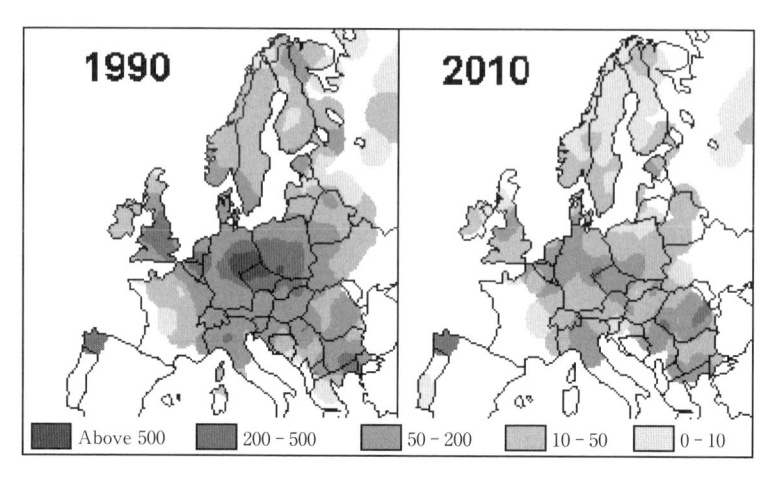

図 1.4.2　欧州における大気中の二酸化硫黄 SO_2 の濃度分布
（単位は、SO_2 トン/km^2）出典：ノルウェー自然管理局

物地域となっており、膨大な森林被害が生じている。これは近隣のライプチヒやプラハなどの工業地帯の排煙中の汚染物質が原因とされている。

（3）ドイツ，シュバルツバルト（黒い森）の森林被害
　　……これも"もらい公害"？

ドイツ南西部のシュバルツバルト（黒い森）の森林被害は有名であり、マツやモミの樹木の立枯れが多く観察されるが、原因は必ずしも酸性雨のみでなく、NO_x，SO_x やオキシダントとの複合汚染ではないかという研究結果もある。東欧の旧共産圏からの越境公害の可能性が強いとされている。

（4）北ヨーロッパにおける酸性雨の状況

1960年代よりデンマークやオランダなどでは、酸性雨による森林の被害が著しいが、スウェーデンでは85000の湖沼の内、約21500が酸性雨による影響を受けており、9000の湖沼では魚類の棲息に悪影響が出ている。酸性雨による湖沼のpHの低下は湖底から有害な金属を溶出させ、魚類を死滅させるなど生態系を破壊する。pHが4.5以下では淡水魚のほとんどが棲息不能であり、地下水も酸性化する。酸性化してプランクトンのいない死の湖沼も多く、湖の

蘇生にアルカリ性の石灰を散布して中和が行われている。スウェーデンでは水力発電が主であるので、ドイツ、英国、東欧からもたらされた越境大気汚染ではないかとされている。ノルウェーにおいても酸性雨による森林被害が報告されている。被害はノルウェー南岸と西岸に集中しており、英国やドイツなど他国からの越境公害の結果といわれている。

(5) 北米における酸性雨の状況

図 1.4.3 に 2001 年の米国における降雨の pH 分布を示す。なお、汚染物質のイオン分布も図 1.4.3 と同傾向であり、低 pH 領域では大気中の硫酸や硝酸のイオン濃度は高い。米国ではとくにオハイオ川流域、米東部山岳地帯に酸性雨（pH 4.2～4.5、図では五大湖エリー湖の右下）が観測されており、主として石炭燃焼の火力発電所から排出される SO_2 が原因ではないかといわれている。米国では 1990 年改正大気浄化法に基づき、発電所に対する SO_2、NO_x の排出削減計画が開始されており、都市のスモッグ対策や酸性雨の対策に重点が置かれている。改正大気浄化法の中で SO_2 排出権が設定されているが、排出源の 65％は石炭火力発電所と考えられている。カナダではメープルシロップの原料

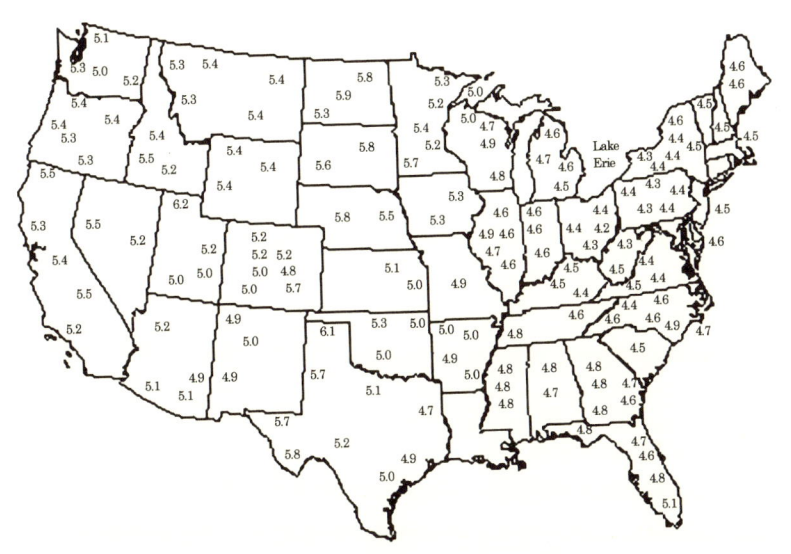

図 1.4.3　米国における降雨の pH 分布（米国中央解析研究所データ 2001 より作成）

であるカエデの被害が顕著であり、また、約4000の湖沼が死の湖沼となるなど、湖沼の生態系にも影響が出ている。

(6) 東アジア地域における酸性雨の状況

近年、東アジア地域においては、めざましい経済成長により今後酸性雨原因物質の増加が予測されている。これよりこの地域における酸性雨の現状やその影響を解明するとともに、酸性雨問題に関する地域の協力体制を構築することを目的として、平成13年より東アジア酸性雨モニタリングネットワークEANETが関連アジア諸国で構築されている。現在の参加国は日本、中国、韓国、インド、ロシアなど12カ国となっている。現在までのデータからは、pHの年平均値は、4.18～6.51の範囲に分布しており、中国南西部の重慶・ジンユンシャンで強い酸性雨が報告されている。EANETに関する政府間会合では、資金分担の目標についての合意がなされ、EANETの地域協定化に関する実現可能性の検討や、東アジア地域の酸性雨の状況についての第一次報告書の作成作業の開始などが承認されている。

中国ではエネルギーの約7割を石炭に依存しており、最近の経済成長とともにさらに石炭の消費量は増加している。中国統計年鑑によると、石炭消費量は1998年度には14億トンにも達しており、石炭燃焼によるSO_2汚染や酸性雨などの環境問題は深刻である。酸性雨は長江の南部地域、チベット高原の東側地域および四川盆地を中心とする地域に降っており、降雨面積は中国国土面積の30％を超えている。中国ではSO_2排出課徴金とともに、米国と同様なSO_2排出許可証取引制度を導入している。米国の世界資源研究所によると、酸性物質を含む大気中微粒子濃度が高い10都市のうち9都市は中国にあると報告されている。

4.3 日本における酸性雨の状況と被害

(1) 足尾銅山鉱毒事件とは

日本においては栃木県足尾町、松木川沿いの地域で明治時代より銅の採掘が行われ、銅精錬時に排出される亜硫酸ガス汚染により酸性雨が降って、付近の草木が枯死し膨大な森林被害を受けた。明治17年より昭和48年に閉山する

間に、村は廃村となり、渡良瀬川下流にも甚大な被害を与えた。これがいわゆる足尾銅山鉱毒事件であり、明治政府の殖産興業政策の犠牲になったともいえる。昭和32年から始まった緑化プロジェクトによって、被害を受けた1万haの約半分が、約50年の年月を経て林、草地に回復した。しかし、800haの岩場は現在も回復は困難である。

（2） もらい公害の可能性

4.1節においてSO_x、NO_x等の原因物質は数千Kmの距離を移動すると述べたが、中国、韓国の工業化により、日本が公害を被っている可能性が大きい。中国国家環境保護局によると、中国大陸で発生した酸性雨の主原因である硫黄酸化物が国境を越えて九州上空に達し、低pHの酸性雨を降らせている事態を報告している。これが確認されれば、排ガス中の汚染物質の越境移動、いわゆる「もらい公害」ということになる。環境省も、酸性雨の原因物質が大陸から季節風に乗って運ばれてきていることを公式に示唆している。この「もらい公害」を少なくするためにも、石炭を主エネルギー源とするアジア諸国にODAを活用して、日本の公害防止技術を供与することが必要である。これは旧ソ連、東欧諸国についても同様であり、脱硫技術・装置の供与が急がれる。

（3） 国による酸性雨対策調査

日本では昭和50年から本格的な雨水測定を始められており、平成10～12年度には第4次の酸性雨対策調査が行われている。これより日本全国で降る雨の75％以上は、pH5.6未満の酸性雨であることが報告されている。環境省では平成15年度より酸性雨やその影響に関する調査研究「酸性雨長期モニタリング計画」を実施しており、平成16年にそれまでの20年間の調査結果がまとめられた。これによると、（a）全国平均値はpH4.77であり、欧米並みの酸性雨が観測されており、日本海側の地域では大陸に由来した汚染物質の流入が示されたこと、（b）現時点では、酸性雨による生態系被害や土壌の酸性化は認められないこと、などの結果が得られている。

図1.4.4に最近のpH調査の結果を示す。近年降雨のpH値が急に低下した地域はなく、日本における酸性雨の影響は現時点では明らかになっていない。現状でも欧米ほどの酸性雨による被害は見られていない。これは、日本が公害

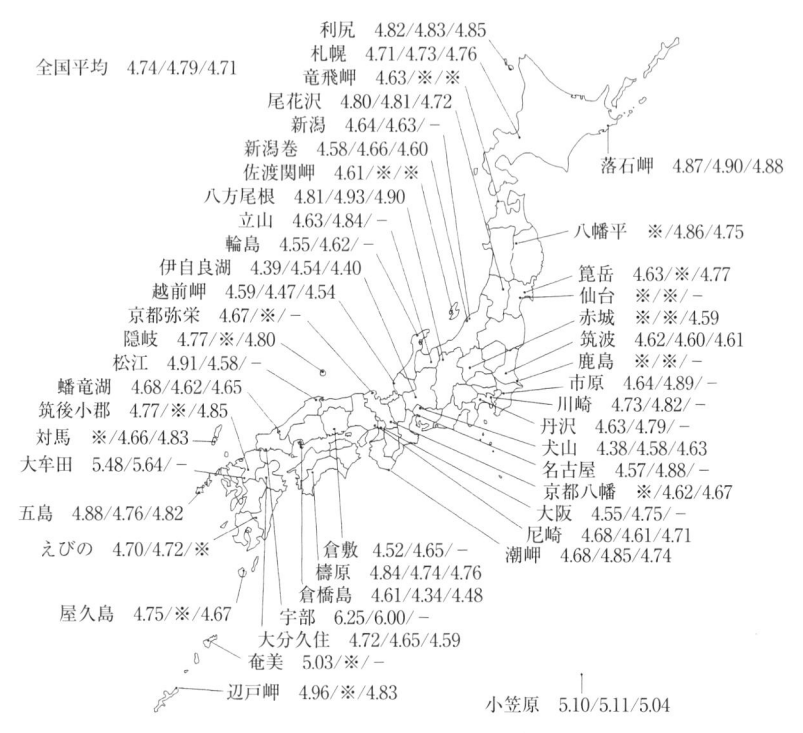

13年度平均/14年度平均/15年度平均

全国平均 4.74/4.79/4.71

利尻 4.82/4.83/4.85
札幌 4.71/4.73/4.76
竜飛岬 4.63/※/※
尾花沢 4.80/4.81/4.72
新潟 4.64/4.63/−
新潟巻 4.58/4.66/4.60
佐渡関岬 4.61/※/※
八方尾根 4.81/4.93/4.90
立山 4.63/4.84/−
輪島 4.55/4.62/−
伊自良湖 4.39/4.54/4.40
越前岬 4.59/4.47/4.54
京都弥栄 4.67/※/−
隠岐 4.77/※/4.80
松江 4.91/4.58/−
蟠竜湖 4.68/4.62/4.65
筑後小郡 4.77/※/4.85
対馬 ※/4.66/4.83
大牟田 5.48/5.64/−
五島 4.88/4.76/4.82
えびの 4.70/4.72/※
屋久島 4.75/※/4.67
倉敷 4.52/4.65/−
橿原 4.84/4.74/4.76
倉橋島 4.61/4.34/4.48
宇部 6.25/6.00/−
大分久住 4.72/4.65/4.59
奄美 5.03/※/−
辺戸岬 4.96/※/4.83

落石岬 4.87/4.90/4.88
八幡平 ※/4.86/4.75
箟岳 4.63/※/4.77
仙台 ※/※/−
赤城 ※/※/4.59
筑波 4.62/4.60/4.61
鹿島 ※/※/−
市原 4.64/4.89/−
川崎 4.73/4.82/−
丹沢 4.63/4.79/−
犬山 4.38/4.58/4.63
名古屋 4.57/4.88/−
京都八幡 ※/4.62/4.67
大阪 4.55/4.75/−
尼崎 4.68/4.61/4.71
潮岬 4.68/4.85/4.74
小笠原 5.10/5.11/5.04

−：未測定
※：期間中の年平均値が全て無効であったもの
注：赤城は、積雪時には測定できないため、年平均値を求めることができない年度もある。
出典：環境省資料

図1.4.4 降水中のpH分布図（出典：環境省編、平成17年版環境白書）

防止立国であり、排ガスの脱硫・脱硝技術が進んでいることとともに、日本の土壌が火山灰を主成分としているために酸性の土壌であり、植物がもともと酸性に強いことや、降雨量が多いことも酸性雨被害の少ない原因と考えられている。しかし、酸性雨による影響は長い期間を経て現れると考えられており、現在のような酸性雨が今後も降り続けば、将来、酸性雨による影響が顕在化する恐れもある。森林被害については、土壌に汚染物質が長期にわたり蓄積されてからある日突然、一斉に木々が枯れることがあるとされており、これを「アシッド・ショック」という。

関東地方平野部では最近杉の立ち枯れ現象が多く観察されている。この原因の1つとして酸性霧が考えられている。霧は大気中の滞留時間が長く、酸性物質を取り込みやすいといわれており、いわゆる「ロンドンスモッグ（煙霧）」と同様に生態系に大きな被害を与えることになる。

4.4　国際的防止対策

大気汚染に関する国際的取決めとしては、欧米諸国が1979年に長距離越境大気汚染条約を締結しており、関係国が共同で酸性雨のモニタリングを行うとともに、原因物質の削減と原因解明に乗り出している。また、2002年には、ヨハネスブルグ・サミットで採択された実施計画においても、国際的、地域的、国家的レベルでの協力の強化が求められている。硫黄酸化物については、1985年にヘルシンキ議定書が締結され、SO_2排出量の30％削減が決められている。なお、日本と中国の間には1994年に日中環境保護協力協定が調印され、1996年には日中環境協力総合フォーラムも開催されており、両国の大気汚染や酸性雨の防止のための情報交換や、環境協力計画などが進められている。

演 習 問 題

（1）　土壌や湖沼の酸性化を防ぐにはどうすればよいのか、対策を記述せよ。

（2）　欧米における酸性雨の被害と比較して、日本では被害が顕著でないのは何故だと考えられるか。

（3）　pH4の酸性雨の酸性度（水素イオン濃度）はpH5の酸性雨の酸性度の何倍か。　　　　　　　　　　　　　　　　　　　（答：10倍）

第5章

森林の減少

5.1 森林の必要性と減少の状況

(1) 森林の必要性と減少

　森林は酸素の供給源や二酸化炭素の吸収源として、また、幹や枝葉、土壌中に雨水を貯留することによる河川の水量調整や水質浄化など、大気環境や水環境の微妙なバランスを保つ上で重要な役割を担っている。この作用により人類をはじめ他の多くの生物が生存することのできる地球環境が作られてきた。森林と文明の関係については、古代4大文明は繁栄とともに周辺の森林や水などの資源を食い尽くし、環境を破壊したことによって、ついには文明崩壊に陥ったと考えられている。とくに森林は焼畑農業、薪炭材、住居用木材などのための過剰伐採によって破壊されてきた。現代においても森林から伐採された木材は住宅建設用や新聞紙、OA紙、ダンボール紙などの産業用に使用されている。また農園用、牧場用など食料生産の場として森林が開発されており、熱帯林、温帯林、寒帯林は大規模に破壊されてきた。最近世界の森林面積は植林面積と相殺しても、毎年日本国土の1/4に当たる森林面積が消滅している。

(2) 森林減少の原因と過程

　世界資源研究所WRIによると森林減少の主な原因は、商業伐採、採鉱、道路、ダム建設等、農地開発、過度な木材採取の順としている。東部シベリアでは伐採が森林減少の最大原因とされているが、同時に伐採により永久凍土が解けて温室効果ガスであるメタンガスの発生による環境問題が生じている。カナダのブリッティッシュ・コロンビア州においても、伐採が森林減少の最大原因

である。また、ブラジルやアフリカにおいては、アブラヤシ農園の開発のため大量の森林が破壊されている。一方、鉱山や石油、天然ガスの開発、ダム建設なども森林破壊の原因となる。なお、古来伝統的な焼畑農業では土壌成分は劣化せず、薪炭材採取も森林減少の主原因ではないとされている。大規模な森林破壊は二酸化炭素の吸収量を減らし地球温暖化を助長することになる。この温暖化が酸性雨とともにさらに森林破壊を進める。

　前章に記述した酸性雨、酸性霧は植物の葉の代謝を妨げ、土壌の酸性化を進める。土壌の酸性化により土壌中のアルミニウムが溶出して木の根の成長に悪影響を及ぼすことで、森林が枯れると考えられている。また土壌の酸性化は湖沼や河川の酸性化を促し、周辺の森林など生態系に影響する。森林被害は酸性雨に加えて、NO_x、SO_x、排気微粒子、O_3などの大気汚染物質や、酸性雰囲気を好む病虫の繁殖などいろいろな原因が複合的に作用して発生するものと考えられている。以下に森林の現状や破壊の状況、防止の方策について記述する。

（3）　世界の森林の現状

　世界森林白書2001によると、2000年における世界の全森林面積は約39億ha（ヘクタール）、一人当たり0.6haと推計されている。このうち95％は天然林、5％が人口林である。また、全森林面積の47％は熱帯林、33％は北方林（亜寒帯林）、11％は温帯林、9％が亜熱帯林である。森林面積は南極を除いた地球の陸地面積の3割を占めているが、1990年から2000年の間に、天然林、人口林を含めて年間940万haのペースで減少している。世界各国の森林面積上位8カ国を図1.5.1に示す。図中日本の森林面積を併記するが、極めて少ないことがわかる。また、表1.5.1に世界各地域における1990年から2000年の間の森林面積の増減、増減率および各地域の森林面積率を示す。南米やアフリカにおいては森林の減少が著しい一方、欧州における多くの国の森林面積は増加している。

　図1.5.2に1990年代のノルウェーにおける酸性雨による森林被害状況の推移を示す。被害はノルウェー南岸と西岸に集中しており、英国やドイツなど他国からの「もらい公害」といわれている。しかし欧州の酸性雨原因物質のSO_2濃度はその後減少しており、森林被害は改善されつつある。

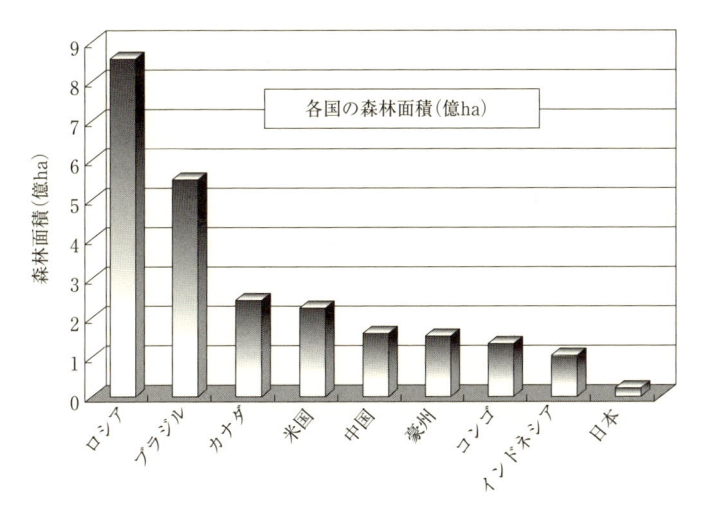

図1.5.1 各国の森林面積(環境省編、環境統計集平成17年版より作成)

（4） 熱帯林とその役目

世界の森林面積の約半分は熱帯林である。熱帯林とは、国連食糧農業機関FAOの定義では、熱帯多雨林、熱帯湿潤落葉樹林、熱帯性低木林、熱帯性砂漠、熱帯山岳系の総称とされており、熱帯域すなわち南北回帰線にはさまれた領域に存在する林を示す。ブラジル、コンゴ、インドネシアの3カ国で、全世界の熱帯林の40%以上を占めている。自然界において熱帯林には以下の重要な役目があるとされている。

表1.5.1 世界各地域における森林面積の状況

(環境省編、環境統計集平成17年版より作表)

単位：万ha

各地域	森林面積 1990年	森林面積 2000年	増減面積	増減率 %	森林面積率 %
アジア	55145	54779	－366	－0.66	17.8
北米	55500	54930	－570	－1.03	25.7
南米	92273	88562	－3711	－4.02	50.5
欧州	103048	103925	878	0.85	46.0
アフリカ	70250	64987	－5264	－7.49	21.8
オセアニア	20127	19762	－365	－1.81	23.3
世界	396343	386945	－9398	－2.37	29.6

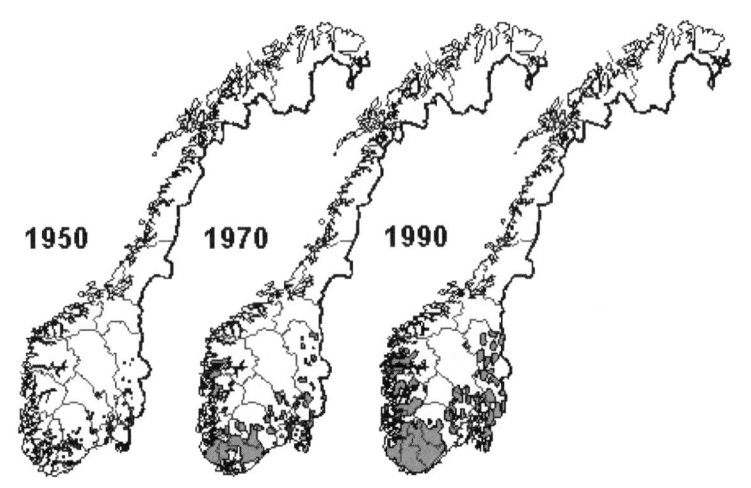

図 1.5.2　ノルウェーにおける酸性雨による森林被害の推移
（出典：ノルウェー自然管理局資料）

　a．野性生物の約半数が生息する「種の宝庫」で、遺伝子の研究にも重要
　b．光合成によって二酸化炭素の吸収・固定を行い、酸素を供給する
　c．気象の緩和、土壌の保護
　人間生活から熱帯林を考えると、製紙用、住宅用などの産業用と、薪炭など家庭用エネルギーとしての需要があり、この点からも重要となっている。

（5）　熱帯林の減少

　FAO2000 によると、熱帯林は 1990～2000 年の 10 年間においてアフリカ、南米、アジアにおいてそれぞれ 5300 万 ha、3460 万 ha、2430 万 ha 減少しており、北中米を含めるとこの 10 年で毎年 1230ha の熱帯林が減少していたことになる。熱帯林は不適切な商業伐採、過放牧、過度な薪炭採取・焼畑農業などにより減少している。熱帯林の減少と人口増加には強い相関関係があるとされている。先進国の年平均人口増加率は 0.30％（1995 年～2000 年）であり森林面積もほぼ不変であるのに対して、熱帯林が多くある熱帯地域の途上国では、人口増加率は約 1.6％と高く、農園や道路の建設、産業開発などの社会経済的要因も加えて、熱帯林の減少に強く影響している。熱帯林が減少すると野生生物種は減少し、土壌の流出・土砂崩壊、砂漠化・地球温暖化の進行が予想

される。

（6） 森林による二酸化炭素同化作用とは

森林による二酸化炭素同化作用（光合成）とは、次の式で表される作用であり、太陽の光エネルギーによってCO_2が吸収され酸素が生成される反応である。

$$6CO_2 + 6H_2O + 677.2 \text{kcal} \underset{呼吸}{\overset{光合成}{\rightleftarrows}} C_6H_{12}O_6 + 6O_2 \qquad (1.5.1)$$

光合成により生成されたグルコース（$C_6H_{12}O_6$）からは、以下の式のように、デンプン、セルロースなどの植物有機物（$C_6H_{10}O_5$）が生成される。

$$C_6H_{12}O_6 \rightarrow C_6H_{10}O_5 + H_2O \qquad (1.5.2)$$

なお、森林が1haあると、熱帯林、温帯林、寒帯林ではそれぞれ年間約100トン、58トン、22トンのCO_2を吸収するといわれている。

（7） 二酸化炭素が増えて酸素がなくなる

森林の減少とともにCO_2吸収量も減少し、大気中のCO_2濃度は増加し続けて、結局地球温暖化が進むことになる。世界の代表的な熱帯林である南米アマゾン川流域では、ブラジル政府の開発政策や大規模入植による農地開発のために、熱帯林が減少し続けているが、アマゾンの熱帯林で世界の40％の酸素を供給しているという説もある。

5.2 日本の森林の現状

（1） 日本の森林の状況と木材輸入

日本は国土の64％が森林であり、森林面積は2400万haである。森林率からは世界有数の森林国といえる。森林の4割は人工林であり、1ha当たり2000本以上の高い密度で植えられている。しかし、日本の木材自給率は1990年の27％から2000年には18％と今後もさらに減少の一途をたどるとされている。一方日本は世界最大の木材輸入国であり、世界貿易の約2割を占めている。2000年には、産業用丸太、木材チップの輸入量は世界第1位、熱帯材丸太、製材は第2位である。とくに木材チップについては、世界の70％近くを日本

が輸入しており、オーストラリア、アメリカ、チリが輸出する量のほとんどすべては日本向けである。

（2） 日本は世界最大の熱帯木材輸入国だった

日本は1999年まで世界最大の熱帯木材輸入国であったが、2000年には中国が世界の輸入の26％を占め、世界最大の熱帯木材輸入国となった。日本は1960年代にはフィリピン、1970年代にはインドネシア、1980年代後半よりマレーシア、その後1990年代はパプアニューギニアと次々と輸入先を変えてきた。これはフィリピンの木材資源の減少や、インドネシアの丸太輸出の禁止が原因であるが、不適切な商業伐採・木材輸出といわれない注意が肝要である。図1.5.3、1.5.4に熱帯木材輸入国と日本の熱帯木材輸入先を示す。

熱帯木材輸入国2001

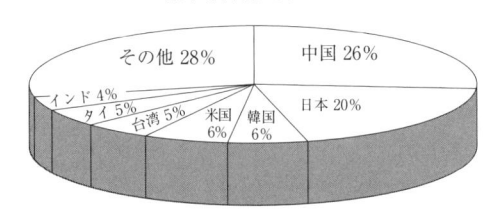

その他 28％　中国 26％
インド 4％
タイ 5％　台湾 5％　米国 6％　韓国 6％　日本 20％

（丸太、製材、合板等の丸太換算合計）

図1.5.3　熱帯木材輸入国（国際熱帯木材機関ITTO年次報告2002、熱帯林行動ネットワーク）

日本の熱帯木材輸入先2003

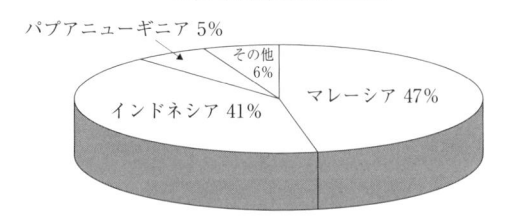

パプアニューギニア 5％
その他 6％
インドネシア 41％　マレーシア 47％

（丸太、製材、合板等の丸太換算合計）

図1.5.4　日本の熱帯木材輸入先（国際熱帯木材機関ITTO年次報告2004、熱帯林行動ネットワーク）

5.3 減少防止への国際的取組み

　森林減少防止への国際的な取組みの一つとして、1992年の国連環境開発会議 UNCED（地球サミット）において、森林原則声明がなされ、地球サミットでの合意である森林保全と持続可能な森林経営がうたわれた。また、1994年には国際熱帯木材協定が締結され、2000年までに熱帯林の持続可能な管理能力の強化をはかることが強調された。さらに、2002年にはヨハネスブルグサミットが開催され、「持続可能な森林経営」の推進に向けて国際社会が一体となって取組むことの重要性が確認されている。なお、森林保全に向けた国際機関としては、国連食糧農業機関 FAO があり、森林問題における FAO の使命は「世界の森林の持続可能な経営において、加盟国への支援を通じて人々の幸福を保障すること」である。一方国際熱帯木材機関 ITTO は加盟国が保有する森林だけで世界の熱帯雨林の約75％を占めており、生産消費の立場から熱帯材の保全に取組んでいる。このような国際的枠組みの強化に対応して、日本としては、国連の関連機関に参加・協力するとともに、国際協力機構 JICA において森林造成を計画し、このための人材育成や森林関係教育を行っている。

演習問題

（1）　世界の熱帯木材輸入国第1位は中国、第2位は日本であるが、世界最大の輸出国はどこか。
（2）　光合成について化学式を用いて説明せよ。
（3）　人が1日呼吸することにより CO_2 を1kg排出する。この他に、日常生活やエネルギーの使用により、合計1人1日2.7kgの CO_2 を排出するという。1万人が排出する CO_2 を吸収するのに必要な森林面積 ha を温帯林の場合に求めよ。　　　　　　　　　　　　　（答：170ha）
（4）　森林の酸素発生量を $1 g/m^2$ 日とすると、1km四方の森林で年間に固定される CO_2 は何トンになるか。CO_2 の固定は式（1.5.1）で生じるものとする。　　　　　　　　　　　　　　　　　　（答：502トン）

第6章

廃棄物処理問題

6.1 有害廃棄物の越境移動とバーゼル条約

(1) 有害廃棄物の越境移動

　1976年にイタリアのセベソで農薬工場が爆発し、排出されたダイオキシンに汚染された土が、フランスで廃棄されていたことから有害廃棄物の越境移動が問題となった。1988年のナイジェリアのココ事件、これはイタリアから搬入したPCBや廃有機溶剤を含んだ多量の有害廃棄物が、船荷置場へ放置された事件である。ナイジェリア政府の依頼により日本から調査団が派遣された。その結果廃棄物は撤去させられたが、経済的要因により先進国から途上国へ廃棄物が移動されている現状が明らかにされた。また、1986年米国フィラデルフィアからの14000トンの有害焼却灰を運搬した船は、各地で有害物を積み下ろす許可が得られず2年間余り漂流した後、最終的にインド洋に投棄したともいわれている。

(2) バーゼル条約

　有害廃棄物の越境移動という事態を打開するために、OECDおよび国連環境計画で検討が行われた後、1989年スイスのバーゼルにおいて、廃棄物の国境を越える移動について国際的な枠組みを規定した「有害廃棄物の国境を越える移動及びその処分の規制に関するバーゼル条約」が採択された。2005年現在164カ国とECが条約の締約国である。この条約により、受入国で適切な処理が行われない場合は、有害廃棄物の越境移動を認めないなどの規制が定められた。その後、先進国の廃棄物の大量流入が問題となったアフリカ諸国では、

表 1.6.1　有害廃棄物の輸出入に関する各国の規制例
（バーゼル条約事務局による通報）

通報国	条約事務局による通報年月	バーゼル条約の根拠条文	通報の概要
中華人民共和国	2002年11月	第3条3 第13条2　(b)	電子機器廃棄物等55品目の輸入を禁止
タイ王国	2003年7月	第4条1 第13条2　(c)	廃タイヤの輸入を禁止
トルコ共和国	2003年11月	第4条1 第13条2　(c)	アスベストを含む廃棄物の輸入を禁止
マレーシア	2004年2月	第3条 第13条2　(b)	使用済み触媒等、独自の有害廃棄物を定義するほか、OECD国からの処分目的の輸入を禁止
インドネシア共和国	2004年2月 2004年8月	第4条1 第13条2　(c)	廃バッテリー等、有害廃棄物の輸入を禁止

廃棄物輸入禁止の状況が継続している。一方、経済発展の著しいアジア地域では、「資源再利用」などの名目で有害廃棄物が大量に流入しているともいわれている。日本からも1999年フィリピンへ医療廃棄物を不正輸出した事例があり、日本政府が廃棄物を回収している。その後、2004年には有害化学物質等の国際取引や、PCBやダイオキシンなどの残留性有機汚染物質の製造・使用・輸出入の禁止に関連して、ロッテルダム条約、ストックホルム条約が発効している。表1.6.1に有害廃棄物の輸出入に関する各国の規制例を示す。

6.2　ドイツにおける廃棄物処理と環境モデル都市

（1）ドイツの廃棄物処理状況

ドイツでは以前は排出された廃棄物の約半分が焼却処理されていたが、現在は基本的には焼却しない方針をとっている。日本では約1400カ所ある都市ごみ焼却施設が、ドイツでは1995年においてはわずか47カ所にすぎない。しかし1施設当りの焼却量は日本の約10倍である。各国の一般廃棄物の処分状況を図1.6.1に示すが、ドイツにおける廃棄物の焼却率は日本の78％に対して約20％である。焼却処理しない理由は、ダイオキシン等の有害物の発生防止のためである。ごみを焼却した場合の焼却フィルター灰は、地下200mの岩塩鉱内の特殊ごみ貯蔵所に、他の有害廃棄物と伴に無害処理技術が確立するまで埋立てられている。1996年には循環経済および廃棄物処理法（新廃棄物処理法）

第6章　廃棄物処理問題　　　　　　　　　　　65

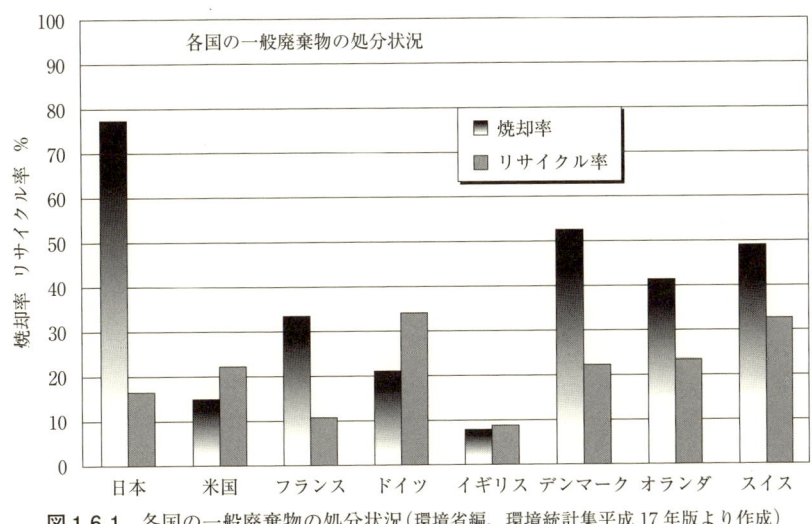

図1.6.1　各国の一般廃棄物の処分状況（環境省編、環境統計集平成17年版より作成）

を施行し、リサイクルを明確に打ち出した。全企業にリサイクル義務が課せられており、各リサイクル率は高い。廃棄物処理は排出抑制・リサイクルにますますシフトしており、ガラス、プラスチック、紙・ダンボール等の1999年におけるリサイクル率は平均して34%、図1.6.1に示されるようにスイスとともにリサイクル率は高くさらに上昇中である。

（2）　環境モデル都市……フライブルグ市（鎌倉市の姉妹都市）

　ドイツ南部の都市フライブルグ市は、環境首都、エコ都市といわれ、世界中から環境モデル都市視察に訪れる人々も多い。このフライブルグ市では、法律でごみ焼却を禁止しており、分別収集とリサイクルを義務づけ、また広範な環境教育を行っている人口20万人の都市である。旧市街地は自動車の乗入れを禁止し、市民、観光客は徒歩、自転車、路面電車により目的地へ行くなど、環境に関する市民の意識は強い。

6.3　米国における廃棄物処理の状況

　米国における都市廃棄物の排出量は2000年において2億3200万トン、1人

1日当たり約2kgを排出している。近年焼却率やリサイクル率が上昇しているが、排出量の55.3%は埋立てられており、コンポストを含めたリサイクル率は30.2%、焼却率は14.5%である。埋立て処分施設は約2000カ所あるが、埋立地の残余年数への懸念の声も出ている。産業廃棄物について米国環境保護庁EPAは、6万カ所の事業所から76億トンが排出されたこと、このうちの97%は廃水であることを報告している。

6.4 日本における廃棄物処理の概要

(1) 廃棄物処理の方向と廃棄物の分類

日本では廃棄物処理法により廃棄物の適正処理、処理施設の施設規制、処理事業者への規制、処理基準が設定されている。廃棄物の処理責任は、一般廃棄物の場合は市町村に、産業廃棄物の場合は事業者にある。一方、資源有効利用促進法により再生資源のリサイクルや副産物の有効利用が推進されており、資源循環型社会の形成を目指した廃棄物管理が求められている。近年廃棄物焼却に伴うダイオキシン排出が問題となっており、「燃やして処理から、循環型の廃棄物処理へ」の方向が厚生省より推進されている。これより、循環型社会基本法においては、第1に廃棄物の発生抑制（Reduce リデュース）、第2に再使用（Reuse リユース）、第3に再資源化（Recycle リサイクル）の3Rが循環型社会形成のキーワードとされている。また、第4に熱回収を行い、最後に循環利用できない廃棄物を適正に処分することとしている。

廃棄物は図1.6.2に示すように、家庭系ごみ、事業系ごみおよびし尿をあわせた一般廃棄物と、産業活動に伴い発生する産業廃棄物に分類されている。なお廃棄物は固体状や液体状の性状とされており、工場や自動車の排ガスなどは廃棄物には該当しない。また近い将来一般廃棄物、産業廃棄物の区分がなくなる方向もあり、ごみ処理への民間参加も活発となりつつある。

(2) ごみはどのくらい出るのか

一般廃棄物から「し尿」を除いたものをごみと呼んでいる。図1.6.3に平成15年度までのごみ処理量と処理方法の推移を示すが、直接焼却率は78%である。ごみ排出量は年間約5154万トンで、1日約14万トン、内訳は生活系ごみ

第6章　廃棄物処理問題

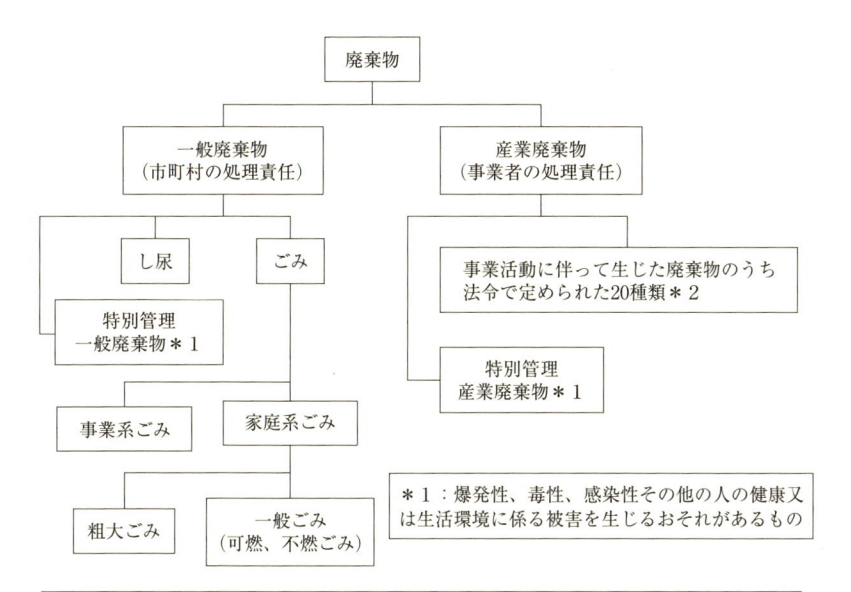

```
                        廃棄物
                ┌─────────┴─────────┐
          一般廃棄物              産業廃棄物
        (市町村の処理責任)        (事業者の処理責任)
         ┌────┴────┐                │
        し尿      ごみ        事業活動に伴って生じた廃棄物のうち
         │                    法令で定められた20種類＊2
       特別管理                      │
      一般廃棄物＊1              特別管理
         │                    産業廃棄物＊1
   ┌─────┴─────┐
 事業系ごみ  家庭系ごみ
         ┌────┴────┐
       粗大ごみ   一般ごみ
               (可燃、不燃ごみ)
```

＊1：爆発性、毒性、感染性その他の人の健康又は生活環境に係る被害を生じるおそれがあるもの

＊2：燃えがら、汚泥、廃油、廃酸、廃アルカリ、廃プラスチック類、紙くず、木くず、繊維くず、動植物性残さ、動物系固形不要物、ゴムくず、金属くず、ガラスくず、コンクリートくず及び陶磁器くず、鉱さい、がれき類、動物のふん尿、動物の死体、ばいじん、上記19種類の産業廃棄物を処分するために処理したもの、他に輸入された廃棄物

図1.6.2　廃棄物の区分(環境省資料より作成)

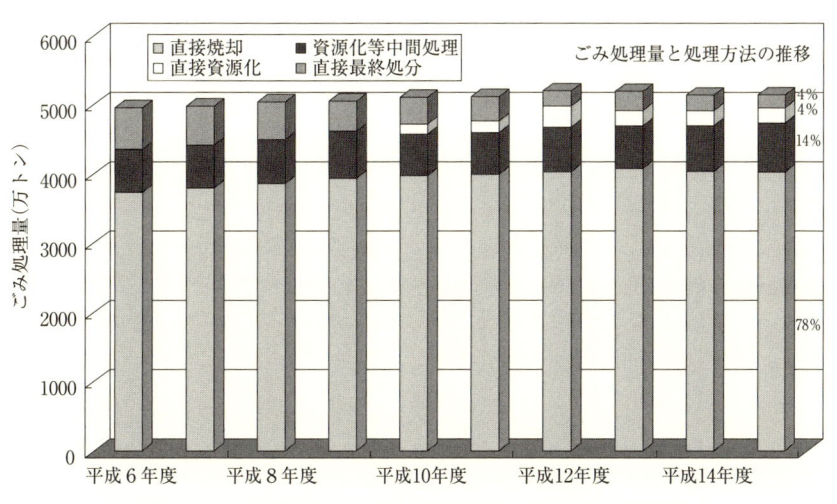

図1.6.3　ごみ処理量と処理方法の推移(環境省資料より作成)

排出量が約7割、事業系ごみ排出量が約3割を占める。年間総排出量は近年横ばいであり、日本の人口を1億2500万人とすると、1人1日当たりのごみ排出量は、1.1kgである。

東京都では平成15年度に約517万トンのごみが排出されている。このうち事業活動に伴い発生する紙ごみなどのいわゆる事業系一般廃棄物がかなりの率を占めると推測されている。ごみの減量には事業系ごみの減量・リサイクルが必要とされており、1996年東京都では事業者責任の明確化に伴って、事業系ごみ収集の有料化制度（有料ごみ袋シール）が導入されている。

ごみの資源化・減量化を目的として都市ごみの有料化が古くから行われている。東京都日野市では、平成12年10月より有料指定袋制による戸別収集方式が導入されている。"ごみ改革"の掛け声の中で、ごみは図1.6.4に示すように約16％減量したが、資源物の量が増加している状況にある。

（3） ごみの処理方法

ごみの処理方法としては、収集・輸送し中間処理を行って最終処分するが、日本はこの狭い国土で世界有数の大消費国であるが故に、埋立地は少なく焼却処理に頼らざるを得ず、平成15年度の焼却率は78％である。中間処理施設における焼却により、質量で約1/6、体積で20～30分の1に減容化された焼却

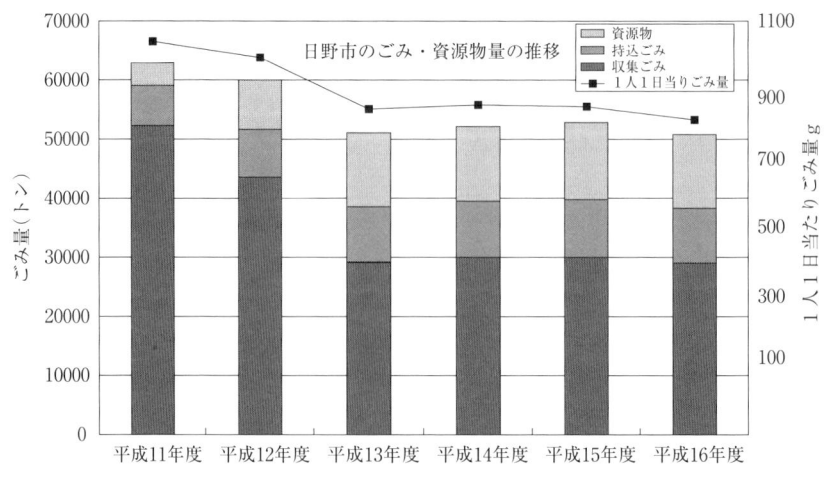

図1.6.4　日野市のごみ・資源物質の推移（日野市データより作成）

灰が埋立てられることになる。ごみは石炭の 1/4〜1/3 の発熱量（発熱量 2000〜2200 cal/g）を持っており、収集されたごみが都市ごみ焼却炉で焼却される際に、発電や地域冷暖房などの方法によってエネルギー回収されている。

都市ごみ焼却施設は平成 15 年度末全国で約 1400 カ所あり、ごみ焼却炉の形式としては、ストーカー式焼却炉（占有率 70％）、流動床式焼却炉（同 30％）、回転炉（ロータリーキルン）式焼却炉があるが、最近はダイオキシン排出抑制やリサイクルの観点からガス化溶融炉の採用が多くなっている。焼却に伴う二次公害防止のために、NO_x、SO_x、HCl、ばいじんの 4 物質について排出ガス基準が定められている。史上最悪の毒性物質といわれるダイオキシンが低温焼却時に排出される懸念もあるが、環境省により安全性を考慮したガイドラインやダイオキシン類対策特別措置法が設けられており、厳重に規制されている。一方、ダイオキシン防除のため、既存施設の排ガス処理装置の整備および中小焼却炉の廃止と大型連続炉への集約化が進められている。なお、2000 年「PFI（Private Finance Initiative）推進法」が施行されたこともあり、ごみの焼却・溶融、リサイクル、最終処分などで、PFI 事業が計画・実施されている。これは民間の資金を公共事業に取り入れた手法であるが、事業形態も民設民営だけでなく、公設民営など多様である。

乾電池の焼却による水銀の排出も問題となったが、1985 年に厚生省より乾電池安全宣言がなされ、一般の不燃ごみと一緒に処理しても生活環境保全上とくに問題になる状況ではないとされた。自治体によっては乾電池を国内で唯一の処理工場に輸送して処理し、有価物質は回収され水銀は再生処理されている。

（4） ごみ発電

ごみのリサイクルシステムには、ごみから鉄、アルミ、銅などの有価物を回収したり、生ごみを堆肥化する「物質回収」と、温水や蒸気、電力として回収したり燃料化する「エネルギー回収」、このほかに埋立てによる「用地回収」の 3 通りのシステムがある。ごみ発電はごみの焼却時のエネルギー回収として、都市ごみ清掃工場において積極的に実施されている。廃棄物発電施設の発電能力は 2003 年度末で一般廃棄物 144 万 kW、産業廃棄物 13 万 kW（2000 年）の合計 147 万 kW である。廃棄物発電は新エネルギーとして太陽光発電などとともにその将来を期待されているが、事業用発電と比較すると、ボイラーの高温

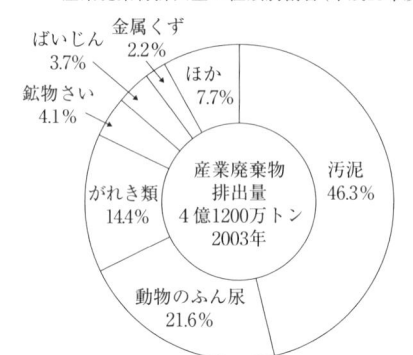

産業廃棄物排出量の種類別割合（平成15年度）

- ばいじん 3.7%
- 金属くず 2.2%
- ほか 7.7%
- 鉱物さい 4.1%
- がれき類 14.4%
- 動物のふん尿 21.6%
- 汚泥 46.3%

産業廃棄物排出量 4億1200万トン 2003年

図1.6.5　産業廃棄物排出量の種類別割合（環境省編、環境統計集平成17年版より作成）

腐食の懸念より蒸気温度の上昇が困難、小容量であり発電コストが割高、蒸気発生量の安定化のために焼却炉の自動燃焼制御装置が必要、など問題点はある。

(5)　産業廃棄物の処理

　日本の産業廃棄物排出量は平成15年度で約4億1千万トンであり、都市ごみの8倍にもなる。図1.6.5に産業廃棄物の種類別排出量の比率を示すが、排出量の約70%は汚泥と動物ふん尿である。業種別の排出源としては、農業、電気・ガス・熱供給・水道業、建設業などがあり、これらの業種で排出量の60%以上を占めている。また比較のためにOECD加盟国中のDAC諸国の廃棄物排出量を表1.6.2に示す。ただし各国で産業廃棄物の定義が異なるので比較には注意が必要である。平成15年度において、排出された産業廃棄物の49%はリサイクルされており、44%は中間処理等での減量化、7%は埋立てにより最終処分されている。しかし最終処分場の残余年数は少なく、平成16年産業廃棄物用で4.3年分の残余年数と逼迫している。なお、一般廃棄物最終処分場の残余年数は12.5年分である。産業廃棄物の処理は排出者の責任であり、最終処分場確保の困難性などから不法投棄や他県への越境廃棄も度々見受けられる。このようなことより、各製造業は当然のこととして、処理・リサイクルを考えた製品設計を行う状況となっている。

第6章 廃棄物処理問題

表1.6.2 DAC22カ国の産業廃棄物・一般廃棄物排出量

単位：万トン/年

国名	年	産業廃棄物・排出量	一般廃棄物・排出量
米国	1999	—	20852
日本	1999	39940	5145
フランス	1995	10100	3074
ドイツ	1998	33905	4409
英国	1998	40700	3320
オランダ	1998	4791	922
イタリア	1997	6087	2661
カナダ	1998	—	—
スウェーデン	1998	8360	400
ノルウェー	1999	585	140
スペイン	1999	16654	2447
ベルギー	1999	1582	547
デンマーク	2000	995	308
スイス	1999	806	468
オーストラリア	1999	4861	—
フィンランド	1997	10432	220
アイルランド	1998	7639	206
オーストリア	1999	4413	450
ギリシャ	1997	2948	390
ポルトガル	1998	1804	430
ルクセンブルグ	1999	—	28
ニュージランド	1999	175	134

OECD Environmental Data Compendium 2002 よりDAC諸国データを主体として作成。
各国により産業廃棄物の定義がかなり異なるため直接的な比較には注意が必要。

（6） 各リサイクル法

2001年には循環型社会形成推進基本法（循環型社会基本法）が施行され、地球の限りある資源を有効に利用して、リサイクルの推進を図るために資源有効利用促進法が施行された。これより、容器包装、家電、建設資材、食品に関する各リサイクル法およびグリーン購入法が制定され、2004年には自動車リサイクル法が施行されている。現在はパソコンや充電式電池のリサイクルが本格化しつつある。リサイクルができる条件としては、同じものが多くあり回収、集積可能なことや、再生技術があること、再生品が市場に出まわるルートや需要があること、採算がとれることなどが挙げられる。

図1.6.6にリサイクル率（市町村回収率）の現状を示すが、平成15年度の

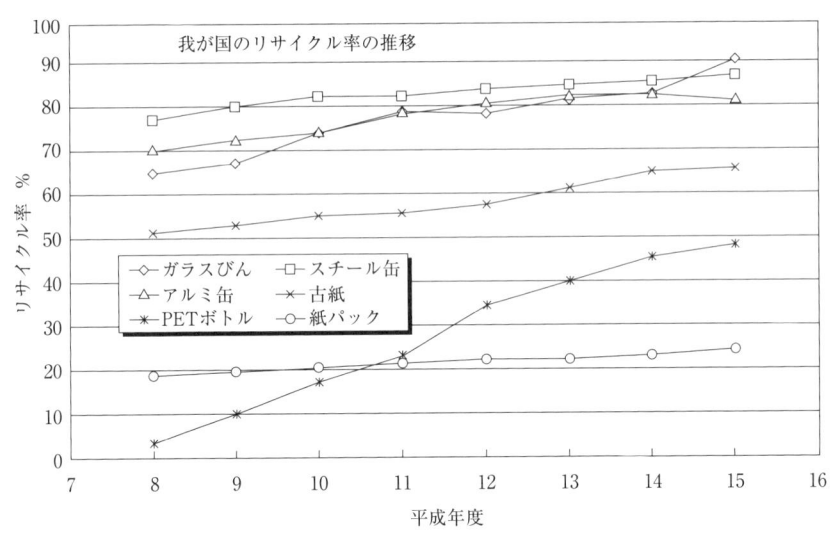

図 1.6.6 リサイクル率の推移（環境省編、環境統計集平成17年版、日本ガラスびん協会、古紙再生促進センターデータより作成）

リサイクル率はスチール缶 87.5％、アルミ缶 81.8％、ガラスびん 90.3％、紙パック 24.5％、古紙 66.1％、ペットボトル 48.5％であり、近年各リサイクル率は上昇している。なお、牛乳パック 6 枚をリサイクルすることでトイレットペーパ (65m) 1 本を再生、ペットボトル 3 本でポリエステル Y シャツ 1 枚を作ることが可能である。また、アルミ缶 1 コ (20g) をボーキサイトから作る工程では、20W 蛍光灯を 21 時間点灯するのと同じ電力が必要である。したがってアルミ缶の引き取り価格も 50 円/ 1 kg（アルミ缶 1 個 1 円）と最も高い。なおリサイクルについては国内循環のしくみが軌道に乗っていない場合もあり、自治体が回収したペットボトルの一部が再商品化企業に回らずに海外へ流出している例もあるとされている。ビール業界ではデポジット制度（預かり金制度）が確立しており、ビールびんの 95％以上が回収・再利用されている。

（7）最終処分場

廃棄物の最終処分場には次の 3 つの類型がある。
① しゃ断型最終処分場
有害な産業廃棄物の最終処分用であり、判定基準以上の有害物質として、水

銀、カドミウム、鉛、有機リン、六価クロム、ひ素、シアン、PCB、シアンなどの最終処分用である。処分場の構造は雨水の浸入を防止、外部との仕切り構造によって地下水の浸入、汚水の漏出を防止するなど、処分場からの有害物を一切しゃ断するようにしてある。

② 安定型最終処分場

産業廃棄物の中で安定5品目と呼ばれている廃プラスチック、ゴムくず、ガラスくず、金属くず、建設廃材など安定型産業廃棄物を処分できる最終処分場である。なお、特別管理産業廃棄物に該当する場合は処分できない。

③ 管理型最終処分場

① 以外の産業廃棄物を投入できる最終処分場である。処分場の底部、側面はしゃ水シートなどでしゃ水、浸出水を集水し、処理装置で無害化することが必要である。構造は一般廃棄物最終処分場と同じである。

6.5 江戸のリサイクル社会

リサイクル社会の形成を推進するにあたり、約230年の鎖国によりリサイクル社会を形成せざるを得なかった江戸時代における文化と庶民の生活が参考となる。この章では資料[30]を中心にして紹介する。

（1） 江戸は植物国家

当時江戸は人口100万人の世界有数の大都市であったが、鎖国により利用可能資源は限られていた。そこで太陽エネルギーを利用した更新性資源いわゆる植物を主に利用した文化が形成されており、石炭、石油のような枯渇性資源の使用は極めて限られていた。

（2） 捨てるものは何もない

行灯の燃料には菜種油を用いていたが、菜種を絞った油かすは、窒素肥料として再利用していた。菜種油にイワシの油を添加するとさらに安上がりであるとされていた。和ろうそくは「はぜ」や「漆」を原料として作っていたが、製造過程で出る絞りかすも照明用燃料として使用していた。「ろうそくの流れ買い」の商売があり、魚油、鯨油をまぜて照明用として売っていた。

米一石（150kg）の収穫について、米わらが124kg発生する。この米わらは現代では産業廃棄物と見られる場合さえあるが、江戸時代は完全にリサイクルされていた。発生したわらの内、20％はわらじ、むしろなどの日用品に、50％は堆肥、肥料に、30％は燃料にしたが、わら灰はカリ肥料として再利用していた。

（3）江戸のし尿処理法

し尿は下肥（しもごえ）の原料として重要であり、農家が引取る代わりに野菜等をおいていった。下肥は絶対量が不足していたこともあり、売手市場であった。17世紀中頃には、慶安の御触書の中で、広く雪隠を作りし尿を集めることが奨励されており、これが公衆便所の始まりであるといわれる。人々の集まる両国には貸し雪隠といういわゆる有料トイレができ、現金収入とともに下肥の原料が集められた。宇治のお茶は京都上京区の下肥でなければなどとし尿のブランド品さえ生まれた。なお、この時代のパリやロンドンでは、19世紀初頭までし尿の道路への「ポイ捨て」が普通であった。19世紀のパリではし尿は未処理のまま下水道を通り、セーヌ川へ放流されていた。

（4）燃料灰の処理

灰や燃料灰については「灰買い」の商いがあり、カリ肥料、釉薬、洗剤、酒のろ過、あく抜きなどに再使用していた。また、和紙製造のアルカリ源、染色の染色液を作る灰汁（あく）として利用している。

（5）江戸時代のリサイクル業者

リサイクル業界は職商人、修理修繕再生業、回収業に分類される。

a．職商人：修理業とともに新品販売や下取りも行った。内容としては、提灯張替え、錠前直し、算盤直し、めがねや、こたつやぐら直し、羅宇屋（らおや、きせる通しと修理）などである。

b．修理修繕再生業：鋳掛屋（いかけや、鍋、釜の穴あき直し）、焼接屋（やきつぎや、加熱焼接法で陶器修理）、たがや（桶のたが修理）、鏡研ぎなどがあった。

c．回収業：紙屑買い（古紙回収）すき返し、古着や、傘の古骨買い、金属回収再生、ろうそく流れ買い、生ごみの収集（埋立て用、肥料）

なお、生ごみについては、再利用とともに川に廃棄もされたが、運搬水路の川が汚れることを防止するために、1655年ごみ捨て禁止令によって永代島や深川越中島の浅瀬にごみを捨てることとなった。水利用についてもルールがあり、洗い水は便所へ入れて肥料とし、台所、風呂水は貯水して畑へ使用するなどの慣習が根付いていた。

演習問題

（1）　日本における都市ごみの処理は将来どのようになるか考えを述べよ。
（2）　江戸時代のリサイクル社会に我々が学ぶべきことは何か。
（3）　人口30万人の都市から排出されるごみ量は1日およそ何トンか。

（答：1日330トン）

第7章

大気汚染

7.1 大気汚染の歴史と汚染物質

(1) 世界の代表的な大気汚染例

1952年冬、ロンドンにおいて深刻な大気汚染が生じ、翌年調査したところ、例年の同時期と比較して約4000人が過剰に死亡していることが判明した。これがいわゆるロンドンスモッグ事件であり、原因は暖房用の石炭の燃焼による亜硫酸ガスの発生と、pH2以下の酸性雨の降雨によるとされている。1960年代に入り、米国では自動車の排ガスが原因の光化学スモッグによるロサンゼルス公害、また、日本では硫黄酸化物SO_xによる四日市公害が発生しており、以後太平洋側大都市ではいわゆるロス型といわれる光化学スモッグ被害が続発するに至っている。光化学スモッグとは、自動車などの燃焼排ガス中の窒素酸化物NO_xと炭化水素HCが、太陽光の紫外線にあたって反応を起こし、その際に生成されるオゾンO_3やパーオキシ・アセチルナイトレートPANなどから作られるスモッグのことをいう。この酸化性物質であるO_3やPANは光化学オキシダントと呼ばれ、呼吸器や農作物に影響を与える。

(2) 燃焼装置から排出される大気汚染物質

燃焼装置から排出される大気汚染物質の中では、窒素酸化物NO_x（NO、NO_2）、硫黄酸化物SO_x（SO_2、SO_3）、粒子状物質、一酸化炭素COなどが主として問題となっている。東京、大阪の大都市圏で排出される窒素酸化物の50％以上は、自動車排出ガスが原因であるとされている。排出されたNO_xやSO_xは、大気中で硝酸、硫酸などに変換されて酸性雨の原因となる。また、

NO_x と HC からは前述する光化学オキシダントが生成される。昭和 40 年代の東京では交通量の多い環状八号線の上空に、初夏から秋にかけて環八雲やヒートアイランド雲と呼ばれる雲が出現、これは都市の温暖化による大気と東京湾からの温度の低い海風が接触し、自動車の排ガス中の浮遊粒子状物質が核となってできる雲であるといわれている。なお、ディーゼル機関の排ガス中の微粒子 DEP (Diesel Exhaust Particle) については発ガン性や、ぜんそく、花粉症など健康への影響が懸念されている。

（3） 世界の窒素酸化物 NO_x 排出状況

図 1.7.1 に世界各国の NO_x 発生量の経年変化を示す。米国の発生量が群を抜いて多く、最近では中国の排出量が増加してきている。図 1.7.2 に先進国主要都市の二酸化窒素 NO_2 汚染の経年変化を示す。東京、ブリュッセル、ベルリンなどの都市では、NO_2 汚染が改善されつつあることがわかる。

（4） 世界の硫黄酸化物 SO_x 排出状況

大気への SO_2 の排出はたとえば、硫黄が 1.5％含まれた重油 1 トンを燃焼すると、SO_2 30kg が生成される。世界の主要石炭消費国である米国や中国では、火力発電所用燃料や高炉など産業用エネルギーとして石炭を多く使用す

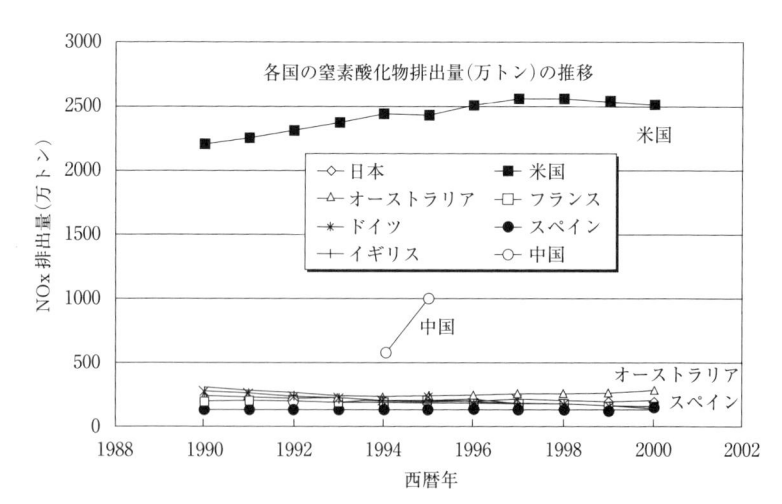

図 1.7.1 各国の窒素酸化物排出量（環境省編、環境統計集平成 17 年版及び国立環境研究所データより作成）

第 7 章　大気汚染

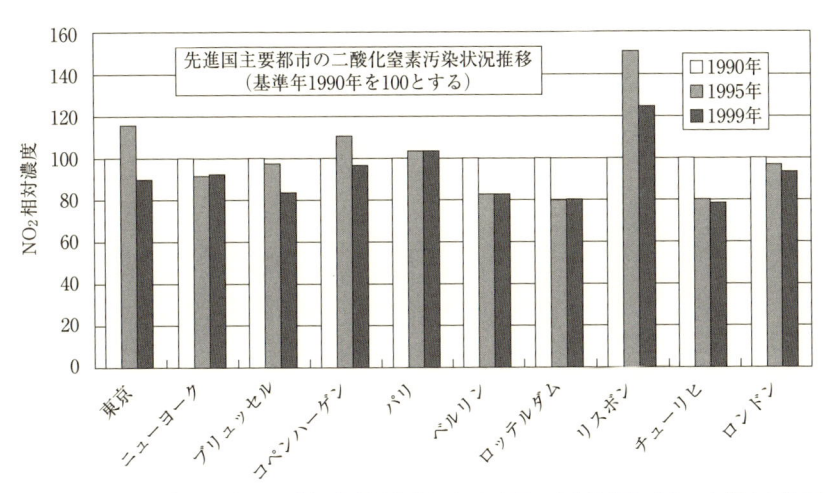

図 1.7.2　先進国主要都市の二酸化窒素汚染状況（環境省編、環境統計集平成 17 年版より作成）

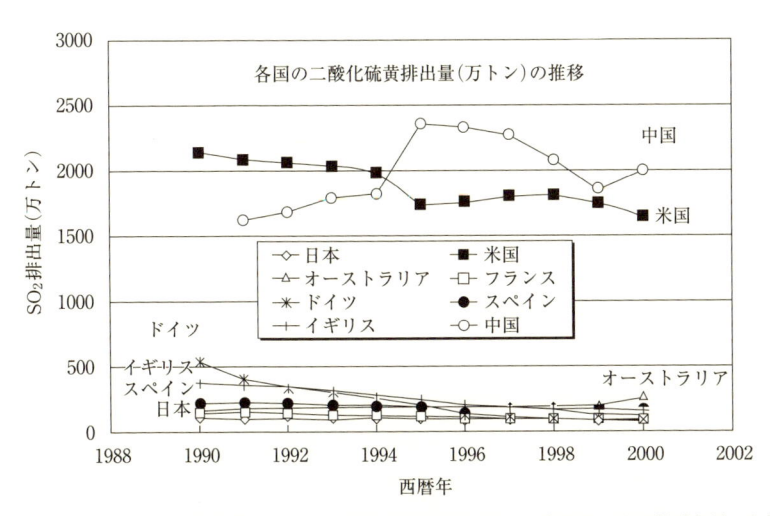

図 1.7.3　各国の二酸化硫黄排出量（環境省編、環境統計集平成 17 年版及び中国統計年鑑より作成）

るために SO_2 の排出量は多い。図 1.7.3 に世界各国の SO_2 排出量の経年変化を示す。2000 年には OECD 各国総計で約 2900 万トンが排出され、この内米国が約 60％を占めるが、日本、フランス、ドイツはそれぞれ 3％を排出するにすぎない。また排出量は 1985 年以来先進国では減少傾向にある。なお、中国の

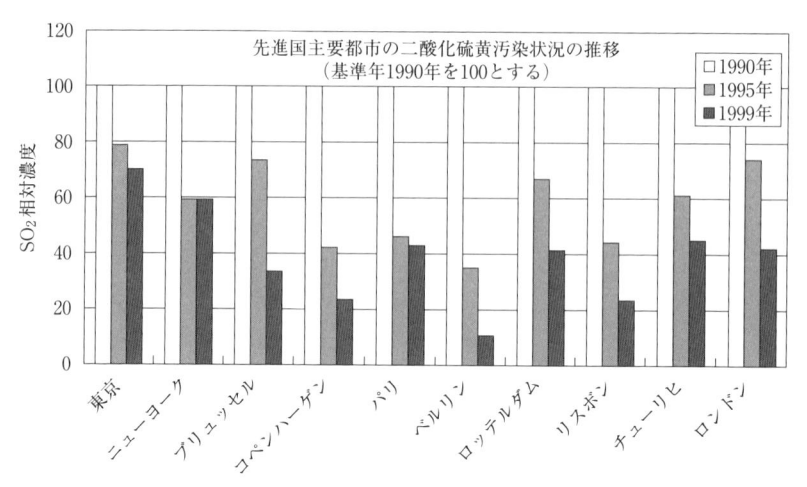

図1.7.4 先進国主要都市の二酸化硫黄汚染状況（環境省編、環境統計集平成17年版より作成）

SO_2排出量は米国の排出量より多い。

国際的には1985年にヘルシンキ議定書が締結され、1993年までにSO_xを1980年の30％削減することが決められた。1998年には、欧州諸国を中心とする国別のSO_2排出削減目標値を規定したオスロ議定書が発効している。先進国主要都市の二酸化硫黄SO_2汚染状況は図1.7.4に示すように、各都市ともSO_2汚染はかなり改善されつつある。

7.2 日本における大気環境と大気規制

（1） 日本における大気汚染の状況

日本では環境基本法に基づき、人の健康を保護し生活環境を保全する上で維持されることが望ましい基準として、大気汚染に係る環境基準が定められている。環境基本法における環境基準としては、SO_2、NO_2、CO、浮遊粒子状物質SPM（Suspended Particulate Matter、直径10μm以下の粒子）および光化学オキシダントについて設定されている。

大気汚染防止法では、物の燃焼等に伴い発生する硫黄酸化物SO_x、ばいじん（すす、粉じんのうち直径10μm以上の粒子）と、有害物質として、カドミウム、塩素、塩化水素、フッ素、フッ化水素、鉛や、これらの化合物および窒素

酸化物 NO_x を、ばい煙としてその排出を規制している。この中で SO_x、ばいじんについては、大気汚染の深刻な地域において、特別排出基準を設定している。また、自動車排出ガスや特定粉じんであるアスベストの排出の許容限度を定めている。低濃度でも健康被害の生じる有害大気汚染物質としてヒ素、ベンゼン、ホルムアルデヒド、ダイオキシン類などが定められているが、とくにダイオキシン類については、ダイオキシン類対策特別措置法に基づいて対応されている。

また大気汚染防止法に基づき、一般環境大気測定局、自動車排出ガス測定局において大気汚染の常時監視が行われている。環境省は平成16年度の大気汚染状況として、(a) 二酸化窒素については、全ての一般環境大気測定局で環境基準を達成するとともに、自動車排出ガス測定局で平成15年度に比べ環境基準達成率がやや改善している、(b) 浮遊粒子状物質については、平成15年度に比べ環境基準達成率が改善している、(c) 光化学オキシダントの環境基準達成率は依然として低い、(d) 二酸化硫黄については、ほとんど全ての測定局で環境基準を達成している、(e) 一酸化炭素については、引き続き全ての測定局で環境基準を達成している、と発表している。環境省では自動車排出ガス規制、低公害車普及の効果で現れたと見ている。光化学オキシダントについての状況を図1.7.5に示すが、環境基準達成率は極めて低い。

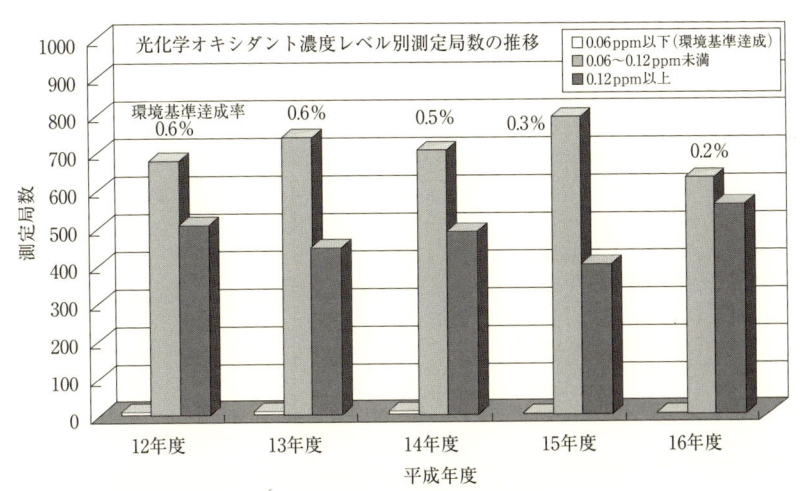

図1.7.5　各測定局における光化学オキシダント濃度(環境省編、環境統計集平成17年版より作成)

(2) 日本の自動車排出ガス規制

自動車における排出ガス規制は、昭和 48 年以降、大気汚染物質の規制物質の追加や規制値の強化が行われており、現在では大気汚染物質として窒素酸化物 NO_x、粒子状物質 PM、炭化水素 HC、一酸化炭素 CO が規制対象となっている。また、ベンゼン等の有害大気汚染物質についても規制値が定められている。平成 8 年に中央環境審議会に「今後の自動車排出ガスの低減対策のあり方」について諮問が行われ、平成 15 年までに 7 回の答申が提出されている。これらの答申を踏まえ順次必要な規制が整備されている。図 1.7.6、1.7.7 に、平成 14 年の第 5 次答申で示されたガソリン乗用車およびディーゼル重量車の NMHC（非メタン炭化水素）、THC（総炭化水素）、PM についての排出ガス低減目標値（新長期規制）を示す。答申の主な内容を以下に示す。

① ディーゼル新長期規制

平成 17 年末までに窒素酸化物等を低減しつつ粒子状物質に重点をおいた厳しい規制に強化し、新短期規制（平成 15～16 年規制）に比べ粒子状物質で 50～85％、窒素酸化物で 41～50％削減する

② ガソリン新長期規制

平成 17 年末までに二酸化炭素低減対策に配慮しつつ窒素酸化物等の排出ガスの規制を強化し、新短期規制（平成 12 年規制）に比べ窒素酸化物で

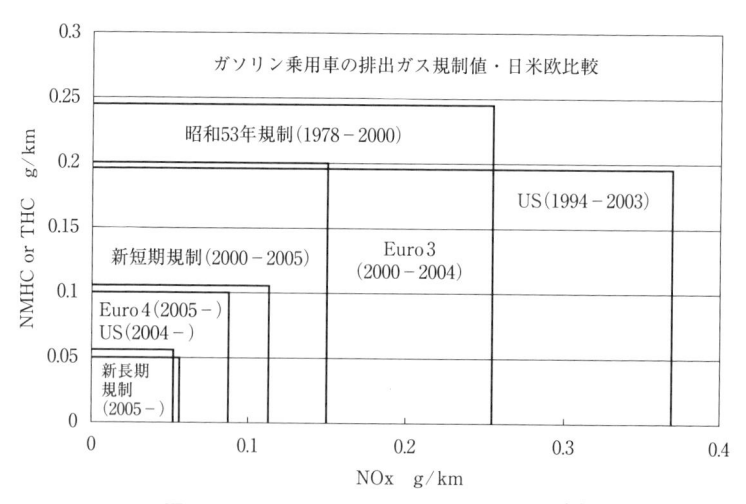

図 1.7.6　ガソリン乗用車の排出ガス規制値[21]

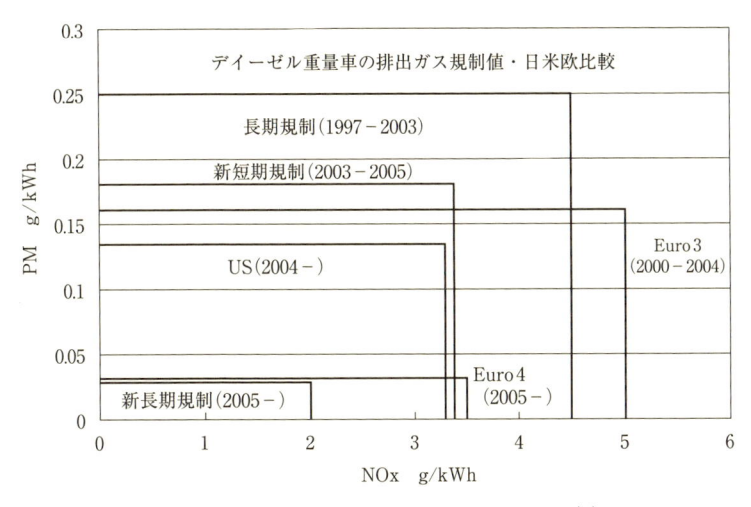

図 1.7.7 ディーゼル重量車の排出ガス規制値[21]

50〜70％削減する
③ ガソリン中の硫黄分許容限度設定目標値を、平成16年末までに現行の半分の50ppm以下に低減する

なお、新車の排出ガスについては、昭和48年以降、大気汚染防止法に基づいて自動車から排出されるNO_x、HC、PM等汚染物質の排出規制を逐次強化してきており、その排出量を大幅に削減している。

(3) 大気汚染防止のための自動車燃料対策

自動車燃料の品質を確保することは、排出ガスによる大気汚染を防止するために必要な対策の1つとなる。大気汚染防止法において自動車燃料の品質確保のための基準が定められている。平成12年、14年の中央環境審議会の第4次、5次答申に基づき、平成16年末までに軽油中の硫黄分の許容限度を500ppm以下から50ppm以下に、ガソリン中の硫黄分を許容限度の100ppm以下から50ppm以下に低減することとしたが、平成15年の中央環境審議会の第7次答申において、軽油中の硫黄分は平成19年より10ppm以下とすべきこととされている。軽油中の硫黄分10ppm化が図られることを前提に、新長期規制以降のディーゼル車の排出ガス低減目標が今後検討されることとなっ

ている。またガソリンについてはリーンバーンエンジン車の燃費向上や、三元触媒の耐久性向上の期待より、平成17年以降のできるだけ早い時期に硫黄分10ppm以下のガソリンを供給開始していくことが望ましいとの提言が総合資源エネルギー調査会よりなされている。

（4） 大都市地域における自動車排出ガス規制対策

大都市地域における二酸化窒素および浮遊粒子状物質に係る厳しい大気汚染に対応するために平成13年に改正された「自動車 NO_x・PM法」に基づいて、平成14年に総量削減基本方針が閣議決定され、事業者による排出の抑制および車種規制がそれぞれ実施された。同法では、首都圏（4都県）、阪神圏（大阪、兵庫）、中部圏（愛知、三重）の8都府県を対象として、排ガス基準に適合しないディーゼル車（貨物、乗合、乗用車等）の車両登録を禁止している。しかし、3大都市圏の外部から乗り入れてくるディーゼル車には規制が及ばず、規制の見直しによって排ガス基準を満たさない車両の走行を禁止するなど取り締まりを強化する方向となった。

一方、首都圏ディーゼル車規制条例によって、東京、神奈川、埼玉、千葉の4都県では、独自にPM削減を目的とする排ガス規制を定めており、基準に適合しないディーゼル車（トラック、バス等）の運行禁止命令を出している。なお自動車排ガスの規制対策技術の内容については第3部に譲る。

7.3 米国における大気汚染の状況

（1） 米国大気浄化法の成立

米国では1970年に大気浄化法（Clean Air Act）が制定され、大気保全のため米国全土について大気環境基準の設定、有害物質の規制、自動車排出ガス規制など厳格な規制を実施した。その後1990年米国は大気浄化法を改正し、改正大気浄化法NCAAでは自動車排出ガス基準の強化や改質ガソリンの導入などを追加した。一方、米連邦排ガス規制では、2003年に第2段規制を行い、これは1993年規制と比較して、排出されるHCが1/3、NO_xが1/5、COが1/2という規制値であった。

2001年米国における NO_x やCOの主な排出源は自動車であり、粒子状物質

やSO$_2$の排出源は石炭燃焼の発電所や工場等産業施設である。現在世界の自動車保有台数第1位は2億台以上の四輪車を保有する米国であり、第2位日本の約7000万台の3倍であり、自動車の大気汚染に及ぼす影響は大きい。

　米国では1995年より酸性雨防止を目的としたSO$_2$の排出権や、フロンの排出権の売買制度を導入している。米国ではSO$_2$とともにCO$_2$も排出権が設定されており、シカゴ先物取引所へ上場されている。

（2）　カリフォルニア州における排ガス規制とは

　米国では自動車の排ガスは大気浄化法によって規制されているが、カリフォルニア州については独自の基準を課す権利が認められている。カリフォルニア州大気資源局CARBは、1990年にLEV I 規制としてゼロ排出ガス車ZEVプログラムを採択している。このZEVプログラムでは、自動車を以下の5つのカテゴリーに分類してCO、NO$_x$、PM、NMHC（非メタン炭化水素）の基準値を設定している。

① 第一基準車　Tier 1 基準適合車
② 暫定低排出車 TLEV（Transitional Low Emission Vehicle）
③ 低排出車 LEV（Low Emission Vehicle）
④ ULEV（Ultra　Low Emission Vehicle）
⑤ 無排出車 ZEV（Zero Emission Vehicle ）

　各社の販売する自動車のうち、1998年以降にはZEVのシェアを2％に、2001年以降5％に、2003年以降には10％にすることを義務付けた。これより各自動車メーカーでは、ZEV（電池式電気自動車）を競って開発したが、電気自動車は一充電走行距離の短いこと、インフラ整備の遅れなどの問題により期待された市場性はなかった。

　この状況よりCARBでは低エミッション車規制の見直しを進め、1998年には極超低排出車SULEV（Super ULEV）を含めLEV II 規制基準値を設定して、2004年以降に適用している。また、CARBはSULEV基準に適合するPZEV（Partial ZEV）や、天然ガスと電気のハイブリッド車を想定したAT-PZEV（Advanced Technology PZEV）などを定義している。

　CARBは2003年には電池式電気自動車の販売を求めていた規制を撤廃し、代わりに、燃料電池自動車によるZEVの実現に期待をつないでいる。CARB

は各メーカに基準合致するクリーンなガソリン車や、ガソリン・電気ハイブリッド車の増加を義務付ける方向をとっている。2003 年の ZEV 達成計画では、自動車メーカは AT－PZEV 4％と 6％の PZEV で良いことになった。同時に年間 250 台の燃料電池自動車を市場に出すことが義務付けられている。ニューヨーク州やバーモント州など北東部 9 州においてもカリフォルニア州に追従した ZEV 規制を採用している。

7.4　欧州における大気汚染状況

（1）　黒い森の森林被害

　ドイツのシュツットガルト、カールスルーエ、フライブルグなどの都市の近郊に広がるシュバルツバルト（黒い森、図 1.7.8）は、ドイツの全森林面積の約 10％を占める代表的な森林であるが、大半の樹木が被害を受けていることが知られている。原因は東欧の旧共産圏からのもらい公害ではないかという指

図 1.7.8　欧州における森林の被害地域（黒い森と黒い三角地帯）

第7章 大気汚染

摘もある。

（2） 黒い三角地帯の大気汚染

東欧の緊張緩和以来、旧共産圏諸国における環境問題が明らかにされている。ドイツ、ポーランド、チェコ国境付近には、ライプチヒ、ドレスデン、ウロツワフ、クラクフ、プラハ、オストラバなどの工業地帯が密集しており、工場群からの処理の不十分な排出物により、国境のスデーテン山脈、エルツ山脈の山々は世界で最も深刻な大気汚染、酸性降下物地帯となっている。図1.7.8に示すこの「黒い三角地帯」とも呼ばれる地域では、大規模な森林被害が出たが、現在は大気汚染状況の改善により回復に向かっている。

7.5　欧州における自動車排出ガス規制の状況

欧州では2005年小型車にEuro 4規制が適用される。2008年以降にはEuro 5が検討されている。ディーゼル車ではNO_xとPMの規制大幅強化が、ガソリン車についてはHC、CO、NO_x、PMのすべてにわたる規制強化を検討中である。大型ディーゼル車についてはEuro 4規制が導入されており、2010年以降実施されるディーゼル車排出ガス規制のために、50 nm以下の微細な粒子の測定法が検討されている。なお、ガソリン乗用車、ディーゼル車の排出ガス規制値の日米欧の比較は図1.7.6、1.7.7中に示されている。

ディーゼル車はガソリン車に比べて燃費が2～3割良く、CO_2の排出量が少ないことより、欧州では地球温暖化対策に貢献するエコカーとしての認識が強い。2004年西欧における新規登録乗用車の50%がディーゼル車である。

7.6　アジア・大洋州における自動車排出ガス規制

中国においてはEuro 2 (1995)規制が2004年より実施されている。2007年からはEuro 3 (2000)規制の適用が検討されている。北京市では2003年よりEuro 2規制が適用されているが、2008年のオリンピック開催に向けて規制強化の方向がとられている。なお香港においては欧州と同ペースでEuro 4規制が適用される。韓国においては、2006年よりガソリン車にはカリフォルニア

州の ULEV に相当する規制を、ディーゼル車については Euro 4 規制への適合を義務付ける。

　豪州においては、現在小型ガソリン車には Euro 3 規制が実施されているが、2008 年からは Euro 4 規制に強化する。小型ディーゼル車には 2006 年より Euro 4 が適用されることになっている。大型車について、ディーゼルは Euro 5 規制や日本の 2005 年規制（新長期規制）などに適合することが必要であり、ガソリン車については、米国 2005 規制に適合を要する。

演 習 問 題

（１）　米国カリフォルニア州における自動車排ガス規制について記述せよ。
（２）　光化学オキシダントとは何か説明せよ。また、生成過程およびその影響について記述せよ。
（３）　2002 年の中国における石炭消費量は 12 億 5 千万トンである。2002 年に排出された二酸化硫黄(SO_2)が約 2000 万トンであったとして、石炭中に含まれる硫黄分 S は何％か計算せよ。なお、産業施設に脱硫装置は設置されていないとせよ。

（答：硫黄分 0.8％、ヒント：$S + O_2 \rightarrow SO_2$）

第8章

水質汚濁

8.1 地球は水の惑星

　水は大気とともに生物の生命、活動の維持のために必要不可欠なものである。水の存在によって河川や海洋からの水蒸気は大気環境を調整、地球上には湿潤な気候が生まれ生物が育まれる。水蒸気はやがて雲を作り、雨や雪となって降り注ぎ、大地をうるおす。水は川を流れ下り、また地下水となりやがては海へ注ぐという大規模な水循環である。

　地球は水の惑星といわれており豊富な水が存在するが、その97.5%は海水であり、淡水は2.5%、このうち1.7%は極地の氷河、残りの0.8%が地下水や河川、湖沼の水である。この限られた貴重な水を、我々は汚染なく繰り返し使わなければならない。汚染は下流の湖沼や海域へ、生物の生活維持に重大な障害を引き起こすことになりかねない。ここでは河川や湖沼、海洋における水環境を保全するための環境基準や、水質汚濁の現状について述べる。

8.2 水質の環境基準

（1）　日本における水質の環境基準と検査項目

　日本では水質汚濁防止法に基づいて、工場、事業所等から河川、湖沼、港湾、沿岸海域などに排出する汚水には、汚染状態について許容濃度（排水基準）が法令で定められている。排水基準は、人の健康に関する基準の健康項目と、生活環境保全に関する生活環境項目に分けて規制されている。健康項目については、有害物質としてカドミウムおよびその化合物、シアン化合物、有機

リン化合物、有機塩素化合物など26種類が定められている。生活環境項目については、次の水質検査項目を設けている。

　a．BOD（Biochemical oxygen demand　生物化学的酸素要求量）

　河川、排水、下水の汚染の度合いの指標であり、mg/ℓやppmで表す。微生物が水中の有機物（汚染物質）をCO_2とH_2Oなどに分解・無機化して水を浄化するのに必要な酸素量をいう。好気性細菌、微生物が対象である。BOD 3mg/ℓ以上では上水道用水としては不適である。また、BOD 5mg/ℓ以下ではコイやフナが、3mg/ℓ以下ではヤマメ、イワナなどの魚が棲めるとされている。

　b．COD（Chemical oxygen demand　化学的酸素要求量）

　湖沼、海域の水質汚濁度合い（有機物の量）の指標であり、mg/ℓやppmで表す。試料に過マンガン酸カリウムなどの酸化剤を加え、消費した酸化剤の量から酸素量を計算する。被酸化物質がどれだけあるかを求めることに対応する。

　環境基準は河川についてはBODで、湖沼及び海域についてはCODで設定されている。河川は流下時間が短く、その間に水中の酸素を消費する生物によって酸化される有機物を問題にするが、湖沼は滞留時間が長く、有機物が生物化学的に酸化され溶存酸素を消費する時間は5日間以上になる。そのために湖沼、海域では有機物の全量を問題にしなければならない。

　このほかに、水素イオン濃度指数pHによる酸性、塩基性の度合いや、水中に浮遊する土壌粒子、生物の残渣など水の濁りの原因となる浮遊物質量SS、汚染水中の有機物の分解に必要な酸素の消費量から汚染度を測る溶存酸素量DO、アンモニア性窒素や硝酸、亜硝酸性窒素、有機性窒素の総計である全窒素N、水中の洗剤、生物の排泄物により存在し、全窒素Nとともに富栄養化の原因物質である全燐P、大腸菌群数なども生活環境項目として、河川、湖沼、海域などの汚染度合いの検査に使用する。

8.3　河川、湖沼、海洋の水質汚濁の状況

（1）　世界の河川、湖沼、海洋の水質状況

　表1.8.1に先進各国の主要河川、湖沼の水質状況を示す。河川は1980年代と比較すると、最近はかなりBODが小さくなり水質が改善されてきたことがわかる。湖沼の全リン、全窒素についても最近は改善傾向にある。海洋につ

第8章 水質汚濁

表1.8.1 先進国の主要各河川、湖沼の水質

国 名	河 川 名	BOD(mg/ℓ)							
		1980	1985	1990	1995	1996	1997	1998	1999
米 国	ミシシッピー川	1.7	1.4	1.9	1.2	―	―	1.2	1.4
日 本	淀 川	3.3	3.4	2.5	2.3	―	―	1.7	1.6
フランス	ロワール川	7.3	6.0	7.0	4.0	5.8			
英 国	テムズ川	2.7	2.4	2.9	1.8	3.0	―	5.9	4.6
ドイツ	ドナウ川	3.1	3.2	2.8	2.7	2.2	2.4	2.2	2.1
オランダ	ライン川	3.2	2.3	2.8	1.9	3.0	―	―	―
ベルギー	ムーズ川	4.2	8.0	―	2.0	2.5	―	―	―
オーストリア	ドナウ川	3.3	―	3.8	3.0	3.7	2.5	2.8	―
デンマーク	スキャンノ川	8.1	5.5	2.3	2.2	1.3	1.5	1.3	―
スペイン	グアダルキビル川	11.8	8.8	7.2	39.4	14.5	―	3.4	6.6
アイルランド	バロウ川	―	1.7	1.7	2.5	2.4	1.7	1.8	1.5

国 名	湖 沼 名	全リン(mgP/ℓ)			全窒素(mgN/ℓ)		
		1990	1995	1999	1990	1995	1999
日 本	琵琶湖(南湖)	0.025	0.023	0.020	0.40	0.47	0.40
カナダ	オンタリオ湖	0.010	0.008	―	0.53	―	―
フィンランド	パイヤンネ湖	0.008	0.006	―	0.51	0.48	―
ドイツ	ボーデン湖	0.036	0.022	―	0.96	1.01	―
イタリア	コモ湖	0.047	0.038	―	0.96	0.88	―
スウェーデン	ベッテルン湖	0.007	0.006	0.005	0.73	0.71	0.78
スイス	レマン湖	0.055	0.041	0.039	0.69	0.67	0.66
イギリス	ネイ湖	0.096	0.120	―	0.77	0.42	―

注：河川については、各河川の河口または国境内で最も下流の値、サンプリングの方法が各国で異なるため解釈には注意が必要。湖沼については、リン及び窒素の年間平均濃度の推移を示す。全リンは正リン酸塩のみ、全窒素は無機窒素のみ。各河川、湖沼の汚染の絶対値の比較よりも、それぞれの水質の経年変化を比較のこと。
出典：OECD Environmental Data Compendium 2002、総務省統計局「世界の統計 2004」

いては、最近サンゴ礁の死滅が各地で観察され、海洋汚染か温暖化による水温上昇かは不明であるが、カリブ海ではサンゴ礁の85％が死滅したと報告されている。また、2004年には小笠原諸島でサンゴ礁の大規模な白化現象が観察されており、海水温の上昇との関連を含めて環境省が調査を進めている。河川や湖沼などを汚染する物質は最終的には海洋に入り、PCBや猛毒物質のダイオキシンも生物濃縮により海洋の魚介類等に蓄積されることになる。日本では1972年にPCBの国内生産は中止され、現在使用されていない。塩素系農薬のDDTは先進国ではすでに使用が禁止されている。日本でも1973年にDDTの使用が禁止されたが、途上国ではマラリアを媒介する蚊の駆除にもっとも効果

的な殺虫剤がDDTであるとして、現在も生産し使用されている。

（2） 日本の河川、湖沼、港湾の水質状況

図1.8.1に首都圏の代表的な河川におけるBOD値の推移を示す。最近はかなり改善されてきたことがわかる。図1.8.2に日本において汚濁河川といわれている大和川（奈良、大阪）、鶴見川（神奈川）、綾瀬川（埼玉、東京）と大都市圏を流れる多摩川、淀川、比較的に水質良好といわれている九頭竜川、木曽川の2005年BOD平均値データを示す。大和川や鶴見川、綾瀬川は依然としてBOD値は高い状態が続いている。

国土交通省より平成16年全国一級河川の水質現況が公表されており、BOD値（またはCOD値）が環境基準を満足した調査地点の割合は88％で、平成15年の過去最高の割合と同じであった。また、国土交通省は河川の調査地点のうち、BOD値がサケやアユが生息できる良好な水質とされる3 mg/ℓ以下となった地点は約92％であり、平成15年に引き続き9割以上の地点で良好な水質が確保されると報告している。

湖沼については1984年に湖沼水質保全特別措置法が制定され、琵琶湖、霞ヶ浦等の10湖沼が指定湖沼として指定されている。これより、湖沼水質保

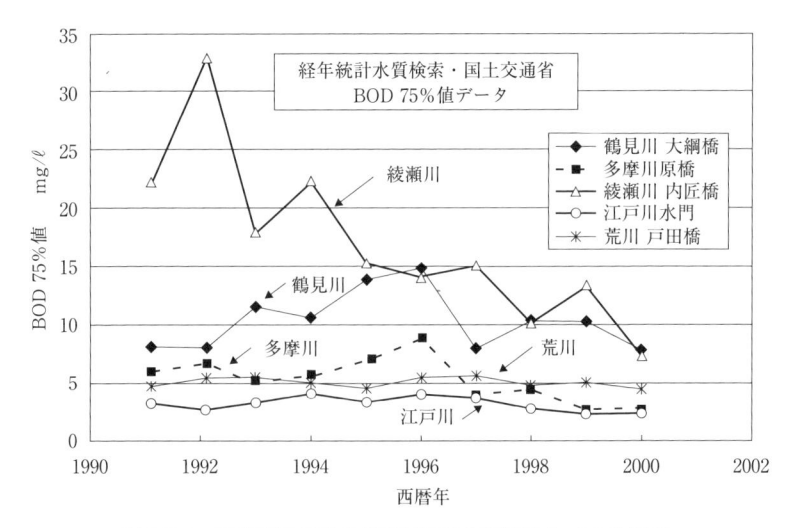

図1.8.1　首都圏の河川のBOD値（国土交通省データより作成）

第8章 水質汚濁

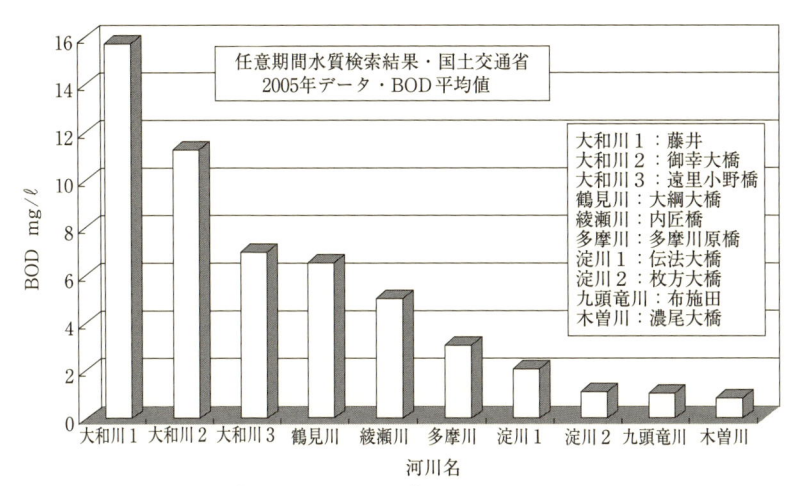

図1.8.2 全国の河川のBOD値（国土交通省データより作成）

全計画に基づいて、生活排水や工場排水に対して湖沼の水質保全を推進するための施策が実施されている。

図1.8.3に指定10湖沼のCOD値を示すが、近年COD値5以上の湖沼では改善されているが、5以下の湖沼ではわずかに改善かあるいはCOD値は増加していることがわかる。また指定10湖沼において、COD、全窒素、全リンの

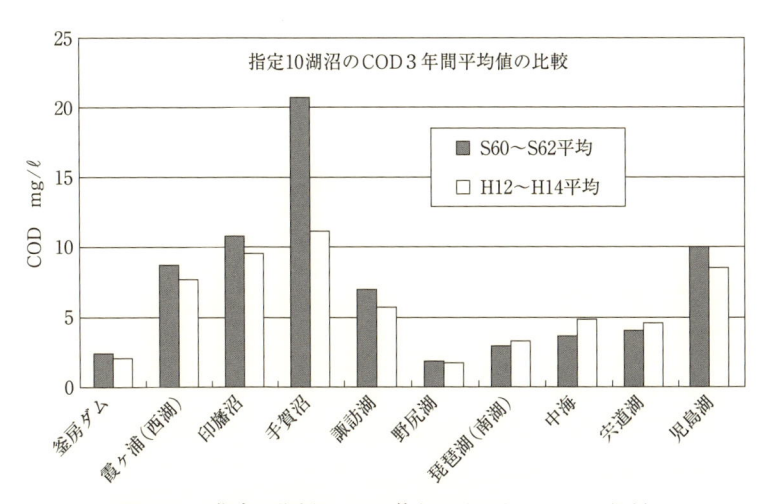

図1.8.3 指定10湖沼のCOD値（国土交通省データより作成）

表 1.8.2　閉鎖性海域の水質状況(COD 年間平均値、環境基準達成率)

出典：環境省編、環境統計集平成 14－17 年版

平成年		8	9	10	11	12	13	14	15	10年平均値
東京湾	COD 平均値 mg/ℓ	2.9	2.9	2.9	2.8	2.9	2.9	3.0	2.8	2.9 mg/ℓ
	基準達成率%	61	65	57	61	65	67	59	63	61%
伊勢湾	COD 平均値 mg/ℓ	3.0	3.4	3.4	3.4	3.5	3.0	3.0	3.2	3.2 mg/ℓ
	基準達成率%	56	47	38	44	47	50	47	41	46%
大阪湾	COD 平均値 mg/ℓ	3.0	2.8	2.8	2.5	2.6	2.7	2.8	3.0	2.8 mg/ℓ
	基準達成率%	54	54	54	64	64	61	46	50	55%
瀬戸内海	COD 平均値 mg/ℓ	2.0	2.0	2.0	2.0	1.9	2.0	2.0	2.2	2.0 mg/ℓ
	基準達成率%	80	74	75	77	80	79	72	65	75%

環境基準値を達成している湖沼は少なく、琵琶湖（北湖）が全リンの環境基準を達成しているだけである。

表1.8.2に日本の港湾におけるCOD値の経年変化状況を示す。港湾におけるCODの値はほとんど改善されていない。また、伊勢湾、大阪湾における環境基準達成率は50%前後であるが、瀬戸内海については、環境基準達成率は75%と良好である。なお、BODやCODの75%値とは、年間の測定データを数値の低い順に並べ、75%目にあたる数値のことであり、75%値データと環境基準値と比較している。すなわち、年間を通じて測定された全てのデータの75%以上が基準値を満足する場合に、環境基準に適合すると見なしている。

8.4　水質汚濁の原因

（1）　生活排水による汚濁

河川の汚染の原因は、生活排水75%、工業排水25%といわれている。使用済み天ぷら油20ccを下水に捨てると、魚が住める水質（BOD 5mg/L）にするにはバスタブ20杯（約6000リッタ）の水が必要となる。牛乳コップ1杯

200ccではバスタブ11杯分、みそ汁お椀1杯180cc捨てると、バスタブ4.7杯分が必要となる。表1.8.3に食品などのBOD含有量と、魚が住める水質に薄める場合の水量を示す。これから考えると、河川、湖沼、港湾の水質汚濁の主因は生活排水ということになる。日本では台所、風呂、洗濯などから出る生活雑排水は、1人1日250〜300リッタ、し尿は1.2リッタである。

(2) 下水の高度処理

集められた下水を下水原水というが、原水は最初沈殿池に入れられ、次にエアレーションにより微生物処理され、最終沈殿池を通り塩素滅菌後河川に放流される。なお、全国の下水道普及率は2002年度で65%であり、処理人口7550万人である。2002年度末には下水処理水の約10%が高度処理（オゾン処理）されているが、欧米と比較すると下水道普及率、高度処理ともに低い現状にある。図1.8.4に東京の下水道普及率と多摩川の水質の推移を示すが、下水道普及率の上昇に伴い河川のBOD値が減少して、環境基準値に適合していくことがわかる。

(3) 工場排水（産業排水）

日本では工場や事業場から河川、湖沼、港湾等へ排出される水について、8.2(1)で述べたように、水質汚濁防止法による排水基準が設定されている。このほかに有害性が認められ、かつ工場排水等に含まれている可能性のある成分として、フェノール類、銅、亜鉛、溶解性鉄、総クロムなども規制されている。

表1.8.3　食品等のBOD含有量（出典：環境庁編、環境白書「平成6年版総説」）

これを流すと	水がこれだけ汚れるBOD(g)	魚がすめる水質(BOD 5mg/ℓ 以下)にするにはバスタブ(300ℓ)何杯分？
天ぷら油（使用済み）20mℓ	30	20
マヨネーズ大さじ1杯 15mℓ	20	13
牛乳コップ1杯 200mℓ	16	11
ビールコップ1杯 180mℓ	15	10
みそ汁（じゃがいも）お椀1杯 180mℓ	7	4.7
米のとぎ汁（1回目）500mℓ	6	4
煮物汁（肉じゃが）鉢 100mℓ	5	3.3
中濃ソース大さじ1杯 15mℓ	2	1.3
シャンプー1回分 4.5mℓ	1	0.67
台所用洗剤1回分 4.5mℓ	1	0.67

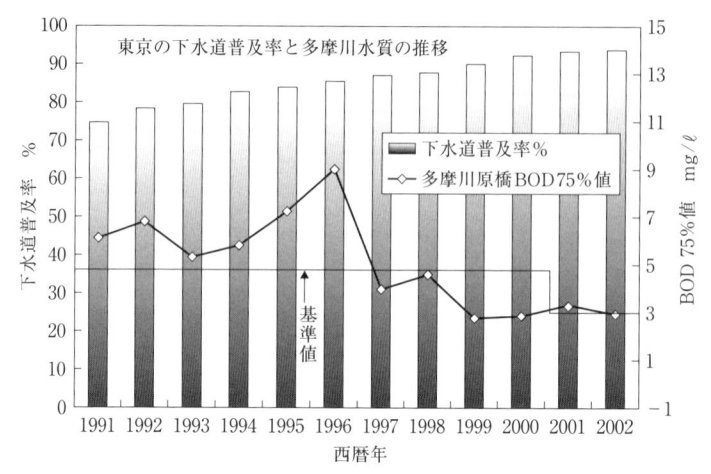

図1.8.4 東京の下水道普及率と多摩川の水質(東京都下水道局データより作成)

（4） 塩素の投入による環境汚染

　上水を供給する浄水場では、水に含まれる NH_3, Fe, Mn の除去のために塩素を使用する。この塩素を大量に投入すると、発がん性物質といわれているトリハロメタンが生成される恐れがある。東京における下水道が整備されている地域では、河川の水質は改善されつつあり、浄水場での塩素の投入量も少なくてよい。図1.8.5 に琵琶湖から流れ出て大阪の都市部を流域とする淀川流域における上水取水口と浄水場、下水処理場の位置関係を示す。淀川流域の場合、高効率・高度浄水処理設備を持つ浄水場や、高度処理システムを持つ下水処理場が多いが、上水取水口が下流にもかなり多くあることがわかる。図1.8.6 に淀川河口から上流へ遡ったBOD値（水質縦断図）を示す。いずれの計測地点においてもほぼ環境基準を満たしており、また、水質の経年変化からも水質は年々改善されており、高度処理の効果が現れている。

（5） 地下水汚染とは

　最近地下水汚染が問題となっているが、これは半導体製造などのハイテク工場からの汚染された排出物、ゴルフ場の農薬散布による汚染浸出水、廃棄物埋立地の浸出水などが原因であるといわれており、発がん性のあるトリクロロエチレンなどが地下水に入り込む危険性がある。地下水の流れは遅く、汚染の広

第8章 水質汚濁

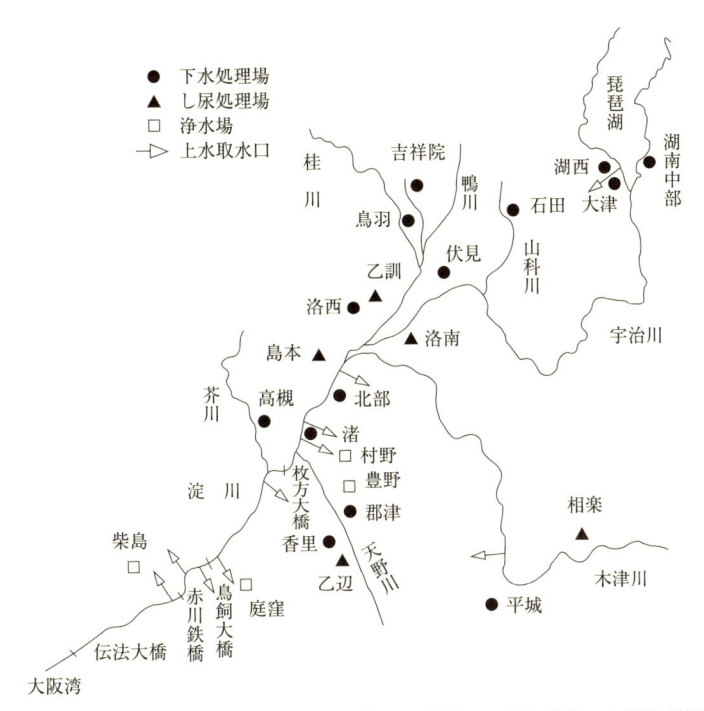

図1.8.5 淀川流域における上水取水と浄水場、下水処理場、し尿処理場

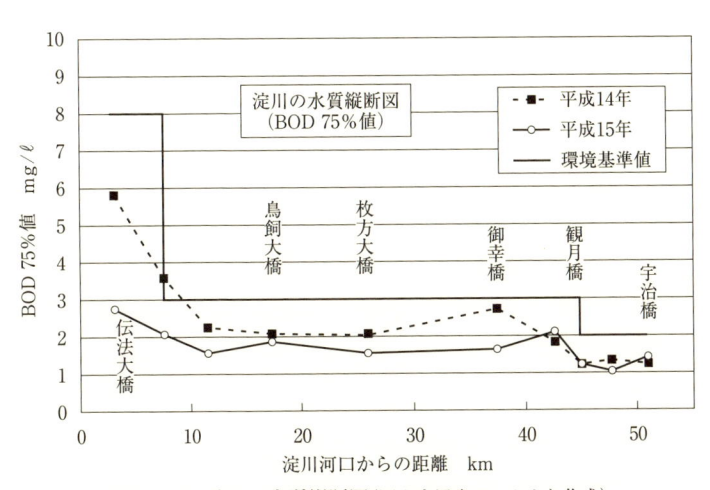

図1.8.6 淀川の水質縦断図（国土交通省データより作成）

がりは 500 m 程度と狭く極地的であるが、流水中に土壌に吸着する有害成分もある。日本では工業用水、上水道用水の地下水依存率は平成 14 年度には 21〜26％であり、全国で約 3000 万人分に相当する飲料水が地下水で賄われている。地下水汚染が広がることは死活問題につながる。

演 習 問 題

（1） 河川を汚染する原因は何か。またどうしたら汚染を防げるか述べよ。
（2） 首都圏でアユの棲める可能性のある河川を挙げよ。
（3） ラーメン汁や醤油、天ぷら廃油を下水に流すと環境に対する負荷が大きいが、ではこれらをどう処理したら負荷が小さくなるのか、考えを述べよ。

第2部　環境問題の現状と対策技術・その1
―大気汚染防止技術、水処理技術、廃棄物処理技術―

　環境問題は、第1部の環境科学概論に既述されたように多くの課題を有しており、国際的には地球サミットが1992年6月にブラジルのリオデジャネイロで環境と開発に関する国連会議として開催されたことは記憶に新しい。

　ここでは、地球環境の保全に関する国際協力について討議され、リオデジャネイロ宣言、アジェンダ21、森林原則声明等が採択されたが、環境保全は今日では世界的な共通の課題となっている。

　しかし、環境問題への対応は内容的には先進国および開発途上国では、質的にはかなり異なっており、開発途上国からは先進国のおかした公害問題のつけを我々にまわすのかとの批判もあるので、我々はこれらの情勢を踏まえ、かつて、わが国の経験した各種の公害問題解決に関する知見を活かして、国内のみならず海外諸国に対しても、技術的な支援に努めなければならない。

　本第2部においては、環境問題の三つの柱ともいうべき大気汚染防止技術、水処理技術および廃棄物処理についてそれらの概要を述べたい。

第1章

環境工学と環境技術の分類

1.1 環境工学とは

「環境」とは自分の周りをとり囲んでいる事物をいい、とくに生物をとり巻いてその生存や生活に直接、間接に影響を及ぼす外界をさす。これは自然環境と社会環境とに2大別される。

「環境工学」とは、環境科学を基盤として衛生工学、生産工学、安全工学などを加え、人間活動と環境との調和について、総合的に調査研究する学問の分野をいい、上・下水道、大気汚染、廃棄物処理、給排水設備、空気調和、騒音・振動、農薬、食品添加物等の工学的研究や環境汚染の防止技術を扱うものであり、極めて広範な領域にわたっている。

第2次世界大戦後、わが国では、とくに1962～1963年頃からの経済成長は目覚ましく、大きな発展を遂げてきたが、その成長のかげとして、1960年代後半には工業の進展に伴った各種の公害問題、たとえば工場煙突からのばいじんや硫黄酸化物の排出、各種産業廃水の排出、都市への人口の集中による生活系廃棄物（都市ごみ、し尿、下水等）問題が起こり、これらについては逐次、対策技術が開発され、公害防止装置が設置されてきている。当初は、環境工学というよりは、「公害防止技術」の開発に力が注がれ、国および民間各社において研究開発が行われてきた。

公害問題としては、いわゆる典型7公害といわれるものがある。すなわち、大気汚染、水質汚濁、土壌汚染、騒音、振動、地盤沈下、悪臭が挙げられる。1987年における地方公共団体の受理した苦情件数は69313件に達したが、その内訳は、騒音29％、悪臭17.7％、大気汚染13.6％、水質汚濁10.3％、振動

3.7％、土壌汚染 0.2％でここ数年ほぼ横ばいの状況にあるが、典型 7 公害以外の苦情（廃棄物、空地の管理に関する苦情等）は 17648 件（25.5％）と全苦情の1/4を占めるようになっている。

　この苦情件数は、1994 年度には 66556 件であり、上記の典型 7 公害は 1972 年度以降減少の方向にあったが、1994 年度には、45642 件で前年に比べ 2467 件、5.7％増加している。

　また最近の環境対策は、過去の公害防止対策はもとより、快適な生活環境（アメニティ）を指向した、より高度なものになりつつある。

　平成 15 年度の全国の地方公共団体の受付けた苦情件数は、10 万 323 件となり、調査開始以来、初めて 10 万件を超えている。

　このうち、大気汚染、水質汚濁、土壌汚染、騒音、振動、地盤沈下及び悪臭のいわゆる「典型 7 公害」の苦情件数は 6 万 7197 件であり、一方、廃棄物の不法投棄、動物の死骸放置、害虫の発生など「典型 7 公害以外」の苦情件数は 3 万 3126 件で、前年に比べて 3240 件（10.8％）増加した。種類別では廃棄物の不法投棄が 1 万 5911 件と最も多く、「典型 7 公害以外」の苦情件数の 48％を占めている。公害苦情の処理状況は、平成 15 年において、典型 7 公害の苦情の申立てから処理までに要した期間は、1 か月以内に 76.0％が処理されている。

ばい煙発生施設

　大気汚染防止法では、窒素酸化物、硫黄酸化物、ばいじん等のばい煙発生施設について排出規制等を行っている。平成 15 年度末おけるばい煙発生施設の総数は約 21 万 4 千施設で、施設別では、ボイラーが 14 万施設（65％）、ついでディーゼル機関が 3 万施設（14％）となっている。

窒素酸化物対策

　平成 14 年度における固定発生源からの窒素酸化物総排出量は、年間 4 億 2300 万 $m^3 N$（86 万 9 千 t）で、これらの固定発生源から排出される窒素酸化物については、低 NO_x 燃焼技術（2 段燃焼法、排ガス再循環法、低 NO_x バーナー等）や排煙脱硝法による対策が講じられている。

　平成 14 年度末現在における排煙脱硝装置の設置基数は 1765 基、処理能力

は3億8300万 m^3N/h であった。

また、大気汚染防止法に該当しない小型ボイラー等の小規模燃焼機器については、低 NO_x 型燃焼器等の普及が図られている。

1.2 環境技術（装置）の分類

環境汚染の範囲は、全体として公害対策を推進するための公害対策基本法（現環境基本法に改正*）において、大気汚染、水質汚濁、土壌汚染、騒音、振動、地盤沈下および悪臭等の人間の健康あるいは生活環境に関する危害の発生と定義され、前述のものは典型7公害と称せられる。

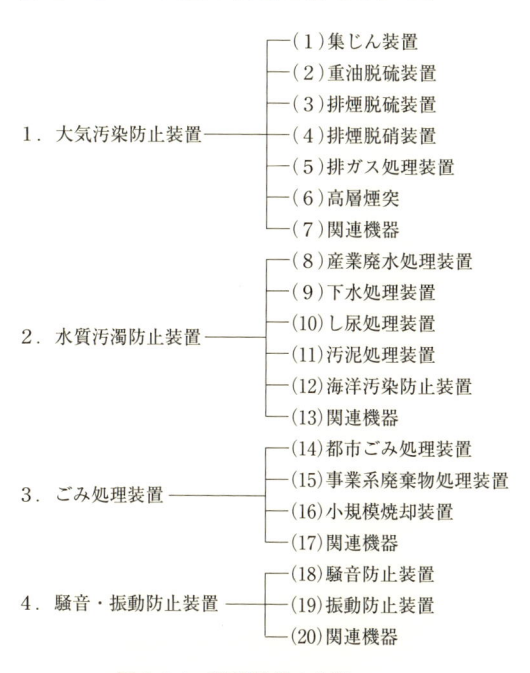

1. 大気汚染防止装置
   - (1) 集じん装置
   - (2) 重油脱硫装置
   - (3) 排煙脱硫装置
   - (4) 排煙脱硝装置
   - (5) 排ガス処理装置
   - (6) 高層煙突
   - (7) 関連機器

2. 水質汚濁防止装置
   - (8) 産業廃水処理装置
   - (9) 下水処理装置
   - (10) し尿処理装置
   - (11) 汚泥処理装置
   - (12) 海洋汚染防止装置
   - (13) 関連機器

3. ごみ処理装置
   - (14) 都市ごみ処理装置
   - (15) 事業系廃棄物処理装置
   - (16) 小規模焼却装置
   - (17) 関連機器

4. 騒音・振動防止装置
   - (18) 騒音防止装置
   - (19) 振動防止装置
   - (20) 関連機器

図2.1.1 環境装置の分類
(出典：(社)日本産業機械工業会カタログ)

＊なお、公害対策基本法（1967年制定）は1993年11月に環境基本法に改正され、内容もさらに総則で「環境保全の施策を総合、計画的に推進し、現在、将来の国民の健康で文化的な生活の確保に寄与するとともに、人類の福祉に貢献するとし、社会経済活動による環境負荷を可能な限り低減し、持続的に発展する社会が構築されることを旨とする」と大量消費社会からの脱却を打ち出している。

1970年頃の公害多発の時代から、次第にその防止技術や対策が講じられてきたが、近年はさらに快適な生活環境の保全の上から、公害防止技術から環境技術と呼ばれるようになってきている。
　わが国では、（社）日本産業機械工業会が、環境装置の定義を、「環境汚染とは企業活動あるいは他の人間生活活動に起因するものとし、環境装置は環境汚染を除去あるいは減少し、また環境汚染防止の種々の法律に基づいて汚染発生を防止するもの」としており、環境装置の製品種類は、図2.1.1のように分類される。

第2章

大気汚染防止技術

2.1 大気汚染物質の種類

　大気汚染物質には燃料の燃焼から発生する硫黄酸化物、窒素酸化物、粉じんのほか、ものの燃焼などに伴う有害物質、自動車排ガス、特定の化学工場から排出される特定物質があり、これらを表2.1.1に示す。

表2.2.1　有害物質・自動車排出ガス・特定物質[1]

有害物質	自動車排出ガス
1. カドミウムおよびその化合物	1. 一酸化炭素
2. 塩素および塩化水素	2. 炭化水素
3. フッ素およびフッ化水素	3. 鉛化合物
4. 鉛およびその化合物	4. 窒素酸化物
5. 窒素酸化物	5. 粒子状物質
特定物質	
1. アンモニア	15. ベンゼン
2. フッ化水素	16. ピリジン
3. シアン化水素	17. フェノール
4. 一酸化炭素	18. 硫　酸
5. ホルムアルデヒド	19. フッ化ケイ素
6. メタノール	20. ホスゲン
7. 硫化水素	21. 二酸化セレン
8. リン化水素	22. クロロスルホン酸
9. 塩化水素	23. 黄リン
10. 二酸化窒素	24. 三塩化リン
11. アクロレイン	25. 臭　素
12. 二酸化硫黄	26. ニッケルカーボニル
13. 塩　素	27. 五塩化リン
14. 二硫化炭素	28. メルカプタン

以下に主要な大気汚染物質の発生原因と発生源を記す。

（1） 硫黄酸化物

主として石油や石炭などの化石燃料の中に含まれている硫黄の燃焼によって発生するのが硫黄酸化物（SO_x）である。その他鉱石を焙焼する精錬所や化学工場からも発生する。したがってこれらの燃料を使用する発電所、工場、ボイラー施設などが主な発生源である。大部分は亜硫酸ガス SO_2 として大気中に放出され、大気中で一部酸化され、硫酸ミスト（霧）となる。

（2） 窒素酸化物

窒素酸化物（NO_x）は空気中で燃料が高温で燃焼するときに空気中の窒素と酸素が化合して生ずる。この場合、温度が高いほど多量に生成する。また燃料中に含まれる窒素分も窒素酸化物を生ずる。したがって、発生源は燃料を使用する発電所、工場、ボイラー施設などのほか、自動車の排出ガスが主な発生源である。我々の日常生活でも室内のガスコンロ、ストーブ、たばこなどから発生する。窒素酸化物は最初、主に一酸化窒素（NO）として発生し、空気中で酸化され、二酸化窒素（NO_2）などに変化していく。

（3） 一酸化炭素

一酸化炭素（CO）は炭素を含む燃料が不完全燃焼して生ずる。主な発生源は自動車の排出ガスである。

（4） オキシダント

オキシダント（O_x）は、大気中に存在する二酸化窒素（NO_2）が太陽の光を吸収して活性化し、分解して生ずる活性の高い原子状酸素が大気中に存在する炭化水素を媒介として連鎖反応を起こし、結果的には大気中の酸素と結合してオゾン（O_3）および PAN（Peroxy acetyl nitrate）などの過酸化物を生ずる。これらがオキシダントである。

$$NO_2 \xrightarrow{h\nu} NO + O \tag{2.2.1}$$

$$O + O_2 \longrightarrow O_3 \tag{2.2.2}$$

オキシダントとは酸化性のある物質の意味で、ヨウ化カリウム溶液からヨウ

素を析出する物質を総称していう。気温が高く、日光が強い夏期の日中にこの濃度が高くなる。

（5） 浮遊粒子状物質

浮遊粒子状物質（Suspended Particulate：SP）は粒径が 10μ 以下の粒子をいう。これらの粒子は非常に細かいので、なかなか沈降せずに大気中に永い間浮遊しつづける。粒径の大きいものは降下ばいじんとして区別される。浮遊粉じんは石油・石炭の燃焼の際その中に含まれる灰分や不完全燃焼して生じた炭素含有粒子などのほか、化学工場などの生産工程から生ずる微粒子、自動車の排出ガス、タイヤ、ブレーキなどの摩耗から生じる。

有鉛ガソリンを使う自動車からは、鉛化合物が微粒子として発生する。

（6） 炭化水素

炭化水素はメタン発酵など生物的な自然環境から排出されるもののほか、自動車排出ガスのなかの不完全燃焼物質として排出されるものが主なものであ

表 2.2.2　大気汚染物質の発生形態 [4]

発生形態	内容
燃　　　　焼	熱および光のエネルギー発生、焼却、脱臭
蒸　　　　発	高温冶金における金属類、油類の処理・輸送、溶剤、塗装剤
製 造、処 理、加 工	金属精錬、焙焼、反応、乾燥、木材・石材加工、廃棄物処理
粉粒体の処理運搬	鉱物粉砕、篩分、計量、包装、輸送
漏　洩、散　布	ガス工業、化学工業における有毒ガス、農薬、消毒薬の散布
磨　　　　耗	タイヤ、機械類の摩耗
天　　　　然	風、発酵、腐敗、天然ガス
事　　　　故	火災、爆発、ガス放出、薬剤散布

表 2.2.3　大気汚染物の分類 [4]

粗大な粒子	（直径 100μ 以上） } ：C、フライアッシュ、$CaCO_3$、ZnO、$PbCl_2$
微細な固体粉末	（直径 100μ 以上）
硫黄化合物	SO_2、SO_3、H_2SO_4、H_2S、メルカプタンなど
窒素化合物	NO、NO_2、N_2O_5、HNO_2、HNO_3、NH_3 など
酸素化合物	O_3、過酸化物、CO など
ハロゲン化合物	F_2、Cl_2、HF、HCL など
有機化合物	炭化水素、アルデヒド、ケトン、有機酸 有機ハロゲン化合物、タールなど

る。石油化学工場などからの蒸発も、一つの発生源である。メタンを除いた炭化水素類が、汚染物質として扱われる。

大気汚染物の発生形態と分類を表 2.2.2 と表 2.2.3 に示す。

2.2　大気汚染の防除技術

大気汚染を防止するには、その発生源からの汚染物質の排出を極力おさえなければならない。

ばい煙発生施設

大気汚染防止法では、窒素酸化物、硫黄酸化物、ばいじん等のばい煙発生施設について排出規制等を行っている。2003 年度末おけるばい煙発生施設の総数は約 21 万 4 千施設で、施設別では、ボイラーが 14 万施設（65％）、ついでディーゼル機関が 3 万施設（14％）となっている。

硫黄酸化物については、燃料中の硫黄分が原因であるから、対策としては、① 燃料中の硫黄分を除去する重油脱硫と、② 燃焼した後の排ガス中の亜硫酸ガスを除去する排煙脱硫がある。石炭の脱硫は困難なので排煙脱硫による以外はない。重油脱硫と排煙脱硫はかなり対策が進んでおり、排煙脱硫装置は 2002 年度には、設置基数 2077 基、処理能力 2 億 900 万 Nm^3/h となっている。

重油脱硫装置は直接脱硫：14 基、7.9 万 kℓ/日、間接脱硫：26 基 13.3 万 kℓ/日、計 21.2 万 kℓ/日となっている。（1994 年）

重油脱硫等により、燃料の質の改善が進み、1994 年度における内需用重油の平均硫黄含有率は 1.09％となっている。

窒素酸化物対策[9]

窒素酸化物は高温になるほど多量に生ずるので、空気量を制限して燃焼させるなどの燃焼を改善する方法、アンモニア等の還元剤を加え、触媒を用いて窒素ガスに還元して除去する方法などがある。燃料中の窒素の除去については、まだ実用的に有効な方法が開発されていない。

2002 年度における固定発生源からの窒素酸化物総排出量は、年間 4 億 2300 万 m^3 N（86 万 9 千 t）で、これらの固定発生源から排出される窒素酸化物については、低 NO_x 燃焼技術（2 段燃焼法、排ガス再循環法、低 NO_x バーナー等）

や排煙脱硝法による対策が講じられている。

2002年度末現在における排煙脱硝装置の設置基数は1765基、処理能力は3億8000万 m^3N/h であった。

また、大気汚染防止法に該当しない小型ボイラー等の小規模燃焼機器については、低 NOx 型燃焼器等の普及が図られている。

自動車の排ガス対策については、第3部を参照されたい。

粒子状物質対策

大気汚染防止法では、固定発生源から排出される粒子状物質について、ばいじんと粉じんに区別しており、粉じんはさらに一般ふんじんと、特定粉じん（石綿）に分けられている。

2002年度における固定発生源からのばいじんの年間総排出量は6万1千tであった。一般ふんじん発生施設の総数は、2002年度末に約6万5千施設で、種類別にみるとコンベアが最も多く3万7千施設であった。

粉じんについては、バグフィルター、水洗、電気集じん器などが用いられる。1993年度の集じん装置の設置状況は19584基、処理能力合計928×百万 Nm^3/h となっている。

亜硫酸ガスについては、除去技術がすすみ、石灰石膏法等が用いられており、環境基準もかなり達成されている。

2.3　集じん装置の種類と集じん性能

主体となる集じん作用によって、集じん装置を分類すると、（1）重力集じん装置、（2）慣性力集じん装置、（3）遠心力集じん装置、（4）音波集じん装置、（5）洗浄集じん装置、（6）ろ過集じん装置、（7）電気集じん装置のようになる。

〈湿式集じんと乾式集じん〉

含じんガス中の微粒子、またはいったん分離捕集した粒子を、水その他の液体によってぬらす構造をとったものを通常湿式集じん装置と呼ぶ。一方、含じんガス中の微粒子、または捕集粒子をぬらさないものを乾式集じん装置と呼ん

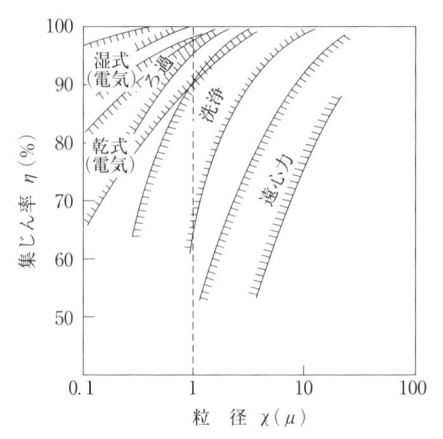

図 2.2.1　各種集じん装置のダスト
粒径に対応する集じん率[3]

表 2.2.4　各種集じん装置の実用性能[3]

原　理	名　称	取扱われる粒度(μ)	圧力損失 $\varDelta P$(mmAq)	集じん率 (%)	設備費	運転費
重力集じん	沈　降　室	1000〜50	10〜15	40〜60	小　程　度	小　程　度
慣性集じん	ル　ー　バ	100〜10	30〜70	50〜70	〃	〃
遠心力集じん	サイクロン	100〜3	50〜150	85〜95	中　程　度	中　程　度
洗浄集じん	ベンチュリスクラバ	100〜0.1	300〜380	80〜95	〃	大　程　度
音波集じん		100〜0.1	60〜100	80〜95	中程度以上	中　程　度
ろ過集じん	バグフィルター	20〜0.1	100〜200	90〜99	〃	中程度以上
電気集じん		20〜0.05	10〜20	80〜99.9	大　程　度	小〜中程度

でいる。したがって、処理ガスの冷却、あるいは調湿などの目的で、水などを噴霧する構造のものは乾式に含まれる。

　(a)　重力集じん装置：含じんガス中の粒子を、重力による自然沈降によって分離捕集する装置をいう。

　(b)　慣性力集じん装置：含じんガスをじゃま板などに衝突させ、気流の急激な方向転換を行い、粒子の慣性力によって分離する装置をいう。

　(c)　遠心力集じん装置：含じんガスに旋回運動をあたえ、粒子に作用する遠心力によって、粒子を分離する装置をいう。

　(d)　洗浄集じん装置：液滴、液膜、気泡などによって、含じんガスを洗

浄し、粒子の付着、粒子相互の凝集をはかり、粒子の分離を行う装置である。洗浄集じんでは、多量の液滴、液膜、気泡を形成し、ガスとの接触をよくし、気液分離の機能を高めることにより、高集じん率が得られる。
（e） ろ過集じん装置：含じんガスをろ材を通して、粒子を分離捕集する装置で、これには内面ろ過および表面ろ過の二つの方式があり、後者の一つにはバグフィルター方式がある。
（f） 電気集じん装置：特高圧電圧（たとえば60kV等）を用い、適当な不平等電界を形成し、この電界におけるコロナ放電を利用して、ガス中の粒子に電荷をあたえ、この帯電粒子をクーロン力によって集じん極に分離、捕集する装置である。

ダスト粒径に対応する各種集じん装置の集じん率（部分集じん率という）の比較を図2.2.1に示す。

また各種集じん装置の実用性能例を表2.2.4に示す。

演習問題

（1） 主なる大気汚染物質の種類とそれらの浄化方法について述べよ。

第3章

水処理技術

3.1 水資源

　水は、私たちの日常生活に欠くことのできないものであり、水資源をみると地球上には、14億km^{3}の水があるといわれているが、このうちの約97％が海水であり、淡水（真水）は約3％であり、そのうち氷河など70％を占め、これを除いた河川水や湖沼水などの中でも利用可能な淡水は非常に少ない。この利用できる水はまた、河川、湖沼、海域あるいは用水、排水路など公の水域で種々な形態として存在し、我々の日常生活には密接な関係があり、また、古くから多くの詩歌等にも登場している。

　水道の歴史の始まりは、西暦前100年頃、フランスのアルル地方でローマ人によって設置されたといわれており、当時からローマ人の土木技術はすばらしいものがあった。

　淡水の水源は降水であり、わが国の降水量は年間1700～1800mmで世界各国に比べ多いが（世界平均973mm）、平地が少なく、急傾斜の地形が多く、貯留能力は低い。

　現在、日常生活用水として用いられる水の量は居住環境、生活様式により異なるが、200～300l/人/日であり、平均内訳を表2.3.1に示す。

　わが国では水需要を河川水に依存している割合は全需要量の約70％であるが、日本の河川は小規模で急流であり、天候による流量変化が大きいため、水資源を制御する能力が低い。

　水資源を有効に利用するため、水源かん養（水源林の保全）、地下水かん養（降水の地下浸透促進）、水の再利用、節水などを積極的に進める必要がある。

表 2.3.1　生活用水の使用内訳[1]

使用目的	使用量 (l/人/日)	割合 (%)
水洗便所	37	15.8
風呂	40	17.1
台所	45	19.2
洗濯機	70	29.9
洗面	21	9.0
掃除	9	3.9
雑用	12	5.1
合計	234	100

注：東京都区内団地(3DK世帯)における実態調査結果(石川ら、1978)。

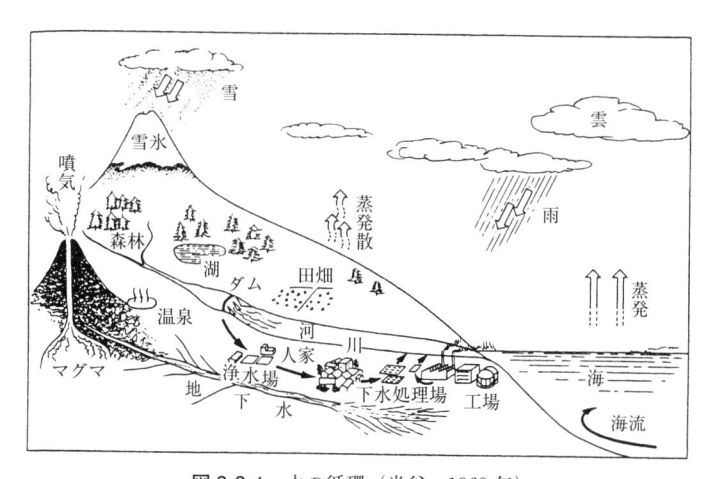

図 2.3.1　水の循環（半谷、1960年）

図 2.3.1 に地球上の水の循環を示す。

3.2　水質汚濁

　水質汚濁に関連する項目として、物理化学的性質、無機成分、有機物、細菌、重金属、人工有機物等があり、水質汚濁のため、いくつかの成分については現在基準値が制定されている。これには、健康項目と生活環境項目がある。
　水質汚濁の特徴は、（1）カドミウムなど有害物質による汚濁と、（2）有機

物による汚濁、に大きく分けられる。

　有害物質の蓄積性汚染は、人体に対して深刻な影響を及ぼすおそれが高い。蓄積性の汚染物質は、難分解性であるため、一度環境中に放出されるといつまでも蓄積され、食物連鎖によって濃度が高められる。

　生物は単独で生存しているのではなく、環境の中で互いに影響しあって生活しており、全体として生態系というシステムを形成している。そして生物は被食者と捕食者の関係にあり、プランクトン―小魚―大魚―人間というように連鎖しているので、これを食物連鎖と呼んでいる。

　環境が有害物により汚染されている場合は、有害成分が食物連鎖で次第に濃縮される。

　生態系によって濃縮される物質として、アルキル水銀、カドミウム、PCBなどがあり、これらは最初の水中濃度の数万倍に濃縮されるといわれている。有機物による水質汚濁については、次の2点が顕著な特徴として指摘される。

　第1は、大都市圏内の河川および沿岸海域における水質汚濁である。とくに、都市内の多くの中小河川の水質汚濁が著しく、悪臭を発するなど都市環境を損なっており、水道の水源になっている河川においては、水質が改善の傾向にあるものの、水道の水源として良好な水質といえる程度には至っていない。

　第2は、内湾、内海、湖沼などの閉鎖性水域における、水質汚濁の程度が高いためである。これらの水域においては、水の交換が悪いため、流入した多量の窒素、りんなどの栄養塩類が蓄積して富栄養化が進行し、植物プランクトンなど有機物の増加が見られる。これらの水域に栄養塩類が流入する原因としては、窒素、りんを含有する工場排水や家庭排水のほか、降雨、自然の河川水などが挙げられる。また閉鎖的な水域においては、水中の汚濁物質が沈降しやすいため、海底や湖底に堆積した汚濁物質が底質を悪化させることに伴って水質が悪化することが多い。富栄養化が進むと、水中の溶存酸素が少なくなり、酸素のない水となり、魚が棲めなくなる。その他の問題として、発電所などから排出される温排水による海洋生物や漁業に与える影響がある。また合成洗剤に含まれるABSおよびりん酸塩の問題があり、ABSについては、泡立ちにより美観を損なうこと、またりん酸塩については、湖沼や閉鎖海域の富栄養化を促進する一因と考えられ、近年の洗剤は無りん化の方向である。

3.3 水の処理方法

水は単純な化合物（H_2O）であるが、他の液体にはない特異な性質があり、温度（圧力）により、固体（氷）、液体（水）、気体（水蒸気、蒸気）となるが、化合物としては安定している。

水はいろいろな物質をよく溶かす性質があり、身近にある水のなかで、処理する必要があるのは飲料に適する上水を得る場合と、排水を公共用水域に排出できる水質に浄化する場合に分けられる。これらの二つは、すなわち浄水処理と排水処理はその目的は異なるが、処理する方法のしくみは共通である。

代表的な水の処理方法を図 2.3.2 に示す。

水の処理方法には、処理技術により分類すると生物的な方法、物理的な方法および化学的な方法に大別される。生物的な方法は主に有機物を微生物の働きによって好気分解あるいは嫌気分解により処理する方法であり、物理的な方法は汚濁物質を機械的に分離除去する方法、そして化学的な方法は薬品などを添加して化学反応により処理する方法である。

```
浄水処理
  ろ過法    急速ろ過
            緩速ろ過
  塩素酸化(消毒)法

排水処理
  活性汚泥法  ┐                スクリーニング  ┐
  接触酸化法  │                沈澱分離法      │
  散水ろ床法  ├ 生物的処理     油水分離法      │
  酸化池法    │                ろ過法          ├ 物理的処理
  嫌気ろ床法  ┘                イオン交換法    │
  中和法      ┐                限外ろ過法      │
  酸化還元法  │                逆浸透法        │
  塩素酸化(消毒)法├ 化学的処理 電気透析法      ┘
  凝集沈澱法  ┘
```

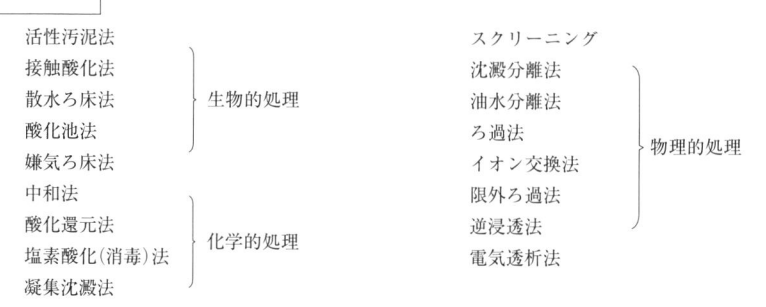

図 2.3.2　代表的な水の処理方法[2)]

表 2.3.2　生物処理方法[2]

浄 水 処 理	緩速ろ過法
排 水 処 理	活性汚泥法
	接触曝気法
	回転円板法
	散水ろ床法
	酸化池法
	嫌気ろ床法
汚 泥 処 理	好気性消化法
	嫌気性消化法

　しかし、実際には、浄水処理で使われるろ過および塩素酸化法は排水処理でも使われる方法であり、また二つ以上の方法を併用して水処理を行うことが一般的である。生物処理の方法を表2.3.2に示す。

3.4　上　水　道

　人間が飲料水として直接に摂取する水量は、1日1人当たり、1.0～1.5lといわれるが、それ以外に生活用水として多方面に使用される。生活用水以外に、営業用水（食品関係の工場など）などがおもである。
　水道の普及状況は大都市では、ほぼ100%であるが、その他の地域との地域格差がある。
　水道水の需要は、毎年増加しており、1993年度における年間給水量は、約167億トンであった。しかし、これからの水需要の増大に対して、ダムなどの水資源開発が困難になっており、水道の広域化や水の有効利用（再利用も含む）の促進が望まれる。
　水道施設の構成例を図2.3.3に示す。水道の水源としては、河川水および湖やダムによる貯留水が78%を占めている。取水された原水は、導水施設を経て浄水施設へ送られる。浄水方法は主として、沈殿、ろ過、消毒（滅菌）の三つの手段があり、原水の水質によってその選択が決定される。原水が良好な場合は、消毒のみでよいが、原水が汚染されている場合は、沈殿、ろ過の設備を設ける必要がある。ろ過の目的は、水中の微細な浮遊物や細菌を除去することであり、緩速ろ過方式と急速ろ過方式がある。前者は一般に低濁度の原水の浄

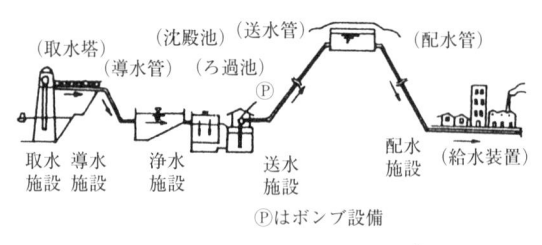

図 2.3.3　水道施設の構成例 [4]

化に適し、ろ過速度は 3〜5 m/日で、ろ層上に生じる生物膜によるスクリーン作用、吸着作用、生物化学的作用の働きによるものである。後者は、原水が高濃度であったり、多量の Fe、Mn が存在する場合に適し、ろ過速度は 100〜150 m/日であり、予備処理として薬品による凝集沈殿が必要である。普通沈殿を用いる緩速ろ過に比べて、急速ろ過方式は、効率が 30 倍以上も高く、同じ水を給水するのに、敷地面積が少なくてよいので、近年はこの方式を採用するケースが多い。

3.5　下　水　道

（1）　下水道の役割

　下水道は、都市の健全な発達と環境衛生の向上を図り、もって居住環境を改善するとともに、公共用水域における良好な水環境を回復かつ保全するために欠くことのできない根幹的施設である。わが国の下水道整備は、欧米諸国に比べて、著しく遅れており、総人口普及率は 1999 年に 60％ であり、外国たとえばイギリス、オランダ等では 90％ 以上である。その理由として、次の 3 点が挙げられる。
　（a）　し尿が長い間、農村還元されていた。
　（b）　河川が急流であり汚濁物質が速やかに海に流れ出すことで、河川汚濁があまり問題にならなかった。
　（c）　政策的に、産業基盤に重点がおかれていたために、下水道整備が後回しになった。
　下水道の役割は、都市環境の整備に重点がおかれていたが、工場排水の増大

や人口の都市集中による生活排水の増大や下水道の整備のおくれから、自然浄化能力を超える汚濁物質が河川や湖沼などの公共水域に放流され、水質汚濁問題を引き起こしてきた。

下水道の役割としては、次の3点が挙げられる。
（a） 雨水の排除（浸水の防止）：下水道は、雨水を速やかに排除し、浸水による都市災害を防除する機能をもつ。
（b） 生活環境の改善：下水道の整備により、人間の生活や生産活動によって生じた汚水を速やかに排除できる。また便所の水洗化が可能となり、居住環境の改善に役立つ。
（c） 水質の保全：汚水を下水管渠（きょ）で集め、終末処理場で処理することにより、河川、湖沼などの水質汚濁防止に役立つ。

（2） 下水道の種類

下水道へ流入する汚水としては、①水洗便所排水、②台所、風呂など家庭雑排水、③事業所・工場排水、④雨水、⑤地下水（下水管継手から流入）などである。

汚水量は、家庭からの汚水に比べて事業所、工場などからの営業汚水は地域格差が大きく、水質も異なる。

汚水量は、1人1日当たりの水道使用量に大体比例しており、上水の90%程度が下水管に排出されると考えられる。商業地域ではさらに営業汚水などが加わり、増大する傾向にある。また、井戸などの自家水源を持つ工場やビルの場合は、水道使用量にこれらを加えて汚水量を計画する必要がある。

下水道はその構造や目的などにより次のように分類される。

1） 公共下水道

下水（雨水および汚水）を排除するための排水管、排水渠を敷設し終末処理場を有するか流域下水道に接続するものであり、し尿を含む都市下水を排除し、また処理できる下水道である。なお、下水処理が開始された区域内では便所の水洗化が義務付けられている。

2） 流域下水道

河川の流域を計画の単位とし、流域内の2市町村以上の下水を集めて処理するもので、幹線管渠と終末処理場から構成される下水道である。流域下水道

の目的は、流域全体の下水道整備を一体的に行うことによって河川や湖沼の水質汚濁を効率的に防止するものであるが、工場廃水などに含まれる有害物質の排出規制、施設の配置計画および処理計画の選択を適正に行うことが必要である。

このほか、都市下水路（主として市街地の雨水排除用）、特定公共下水道（市街地の工場や事業所の汚水の排除と処理）および特定環境保全公共下水道（農山村の生活環境改善や観光地の周辺水域の水質保全を目的とする）などがある。

（3）合流式と分流式

下水道には、雨水と下水を一緒の下水管渠に集めて処理する合流式と下水だけを集めて処理する分流式がある。いずれの方式を採用するかは都市の状況によって決まる。広大な低湿地では、雨水排除が問題である都市が多くあり、合流式が採用されている場合が多く、管渠も1本で足りる。しかし合流式は、降雨時に汚水量が増大し処理効率が悪い。分流式では、汚水量はほぼ一定しており、雨水専用管渠を設けるので降雨初期の排水、河川の汚濁防止の面からも合流式よりもすぐれており、公共用水域の水質保全の立場に重点をおいて、総合的にみれば分流式が効果的であり、合流式、分流式の採用には、その都市の特性、気象条件などを考慮しなければならない。

（4）下水道の構成

下水道は大別して、下水を集めて送る下水排除施設とこれを処理する下水処理施設（終末処理場）から構成されている。

下水排除施設は下水を速やかに排除するための下水管渠、ポンプ場、吐き口から成り立っており、維持管理上、下水は自然流下方式が好ましい。

下水処理の目的は下水中に含まれる汚染物質を除去し、放流先の利用や環境を保全することである。下水処理の原理は、主として自然の浄化作用を応用したものであり、微生物の働きを利用した活性汚泥処理法が広く採用されている。

下水終末処理場の構成と機能は次のとおりである。（図 2.3.4）

① スクリーン

機械的に下水中の大きなごみや土砂を取り除き、処理を円滑にする働きをもつ。

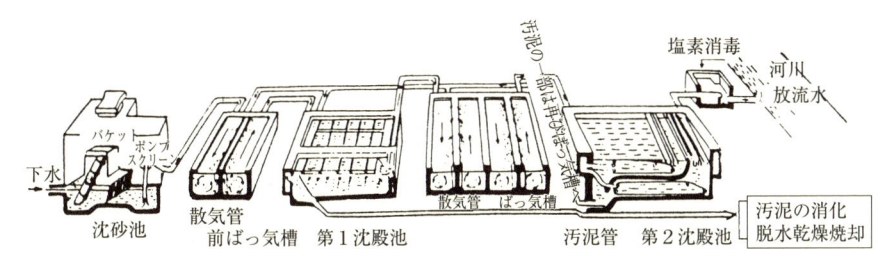

図2.3.4 下水道終末処理場の模式図

② 沈砂池
下水中の砂など、比重が大きく腐敗性のないものを除去する。
③ 最初沈殿池（第1沈殿池）
スクリーンや沈砂池を経た下水中に含まれている微細な浮遊物を除去する。
④ 生物処理
生物を利用して下水中の汚染物質を除去する。代表的には活性汚泥法と散水ろ床法がある。
ア．活性汚泥法：バクテリア（好気性微生物）を多量に含んだヘドロ（活性汚泥）を下水に加え、エアレーションタンク中で空気を十分に通気することにより、活性汚泥の凝集、吸着、酸化などの生物学的働きを利用して下水を浄化する方法である。
イ．散水ろ床法：沈殿処理した下水を砕石等を積み重ねたろ材の上に散水し、ろ材表面に発生している微生物によって好気性条件のもとで生物学的作用により下水を浄化する方法である。
⑤ 最終沈殿池（第2沈殿池）
生物処理過程において生じた汚泥の沈殿・除去を行い、清澄な流出水を得ることを目的とする。
⑥ 消毒
放流下水中の消化器系病原菌を殺すために、主として塩素による消毒を行う。

3.6 下水の処理方式と汚濁負荷量等

(1) 生下水の水質と水量

工場排水が流入する場合は、負荷変動や有害物質の流入によって、生物処理に悪影響を与える恐れがあり、下水処理区域内の工場の業種、排水量および水質を十分に調査し、悪質な排水は排出者の責任で処理することが必要である。

(2) 放流水域の水質と水量

水質環境基準が定められている河川などの公共用水域については、その基準によらなければならない。指定水域外に放流する場合は、放流先の水量、水質を調査した上で、現在および将来の利用状況に適合できるような処理方法を選択しなければならない。

また下水処理で発生する汚泥の処理処分については、都市の状況、処理処分の方法などを検討した上で、汚泥の発生量を必要最小限にとどめることが必要である。近年、この汚泥は、高温で溶融処理を行い、道路の路盤材等の土木資材に利用されるようになっている。

家庭用の浄化槽は、従来から単独浄化槽（し尿浄化）が用いられてきたが、

表 2.3.3 雑用水とし尿に分けた場合の 1 人当たり汚濁負荷量原単位[4]（単位：g/人・日）

項 目	1970年		1990年(推定値)		備 考
	し 尿	雑 用	し 尿	雑 用	
BOD	13	31	13	51〜71	1970年の値については、建設省「汚濁原単位調査」による。
COD	6.5	15.5	6.5	25.5〜35.5	
S S	10	30	10	48〜66	
全窒素	9	3	9	4	
全りん	0.57	0.83	0.57	1.63	

表 2.3.4 処理方法別の除去率[4]

処理程度	処理方法	BOD (%)	S S (%)
簡易処理	沈 澱 法	25〜35	30〜40
中級処理	高速散水ろ床法	65〜75	65〜75
高級処理	標準散水ろ床法	75〜85	70〜80
	標準活性汚でい法	85〜95	80〜90

放流先の河川の汚濁防止から合併浄化槽（し尿と雑用水浄化）に転換の方向にある。

表2.3.3〜2.3.4に1人当たりの汚濁負荷原単位および処理方法別の除去率の例を示す。

3.7 産業排水の処理

わが国では工業用水の使用量は、生活排水の2倍にも達しており、それに伴って排水量も増大している。産業排水の処理は、水質汚濁防止や水資源の有効利用の立場からも重要である。

産業排水は水量的にも水質的にも時間的変動が大きく、有毒成分を含んでいることが多い。したがって処理を効率的に行うには、工程別に水使用の実態を把握し、できるだけ排水量と排水濃度を減少させることが重要である。

排水量を減少させるには、使用水量を合理化すること、排水量を減らすため工程を変更すること、排水の再利用（クローズドシステム化）などが考えられ、排水濃度を減少させるには、排水の種類による分離、副産物の回収、原料の変更などが考えられる。有毒成分については、処理に妨害となるばかりでなく、容易に分解しないものが多く、河川や海に拡散、放流されても蓄積性の汚

表2.3.5 排水中の成分とそれらを含む汚水を排出する工場の例[4]

	関 連 工 場
高　　　温	法瓶・電気メッキ・製紙・織物仕上げ・発電・その他廃蒸気と冷却排水を出す工場
色	電気メッキ・パルプ・皮革・染色・染料・インキ・洗毛・石炭ガス
臭　　　い	化学薬品・コークス・ガス・石油精製
浮 遊 物 質	醸造・缶詰・コークス・ガス・蒸留・皮革・製紙・鉄鋼・洗炭・包装
溶解質油	化学薬品・皮革・酸洗い
脂　肪　類	クリーニング・金属仕上げ・油田・缶詰・石油精製・皮革・洗毛・製油・油脂加工・機械
高アルカリ性	化学薬品・クリーニング・皮革・織物仕上げ・アルカリパルプ・アルマイト・石油精製
酸　　　性	化学薬品・電気メッキ・チタン・金属加工・エッチング・酸洗い・亜硫酸パルプ・石油精製・石けん・炭鉱・金属鉱山および精錬
BOD	てん菜精糖・醸造・缶詰・酪農・アルコール蒸留・クリーニング・と殺および食肉加工・パルプ・皮革・織物・でん粉・有機合成

染を招き、危険である。したがって、有毒物質は使用量を分離回収して処理し、再利用することによって、環境への排出を規制することが必要である。

表2.3.5に排水中の成分とそれらを含む汚水を排出する工場例を示す。

演習問題

（1） 下水処理において、流入下水のBOD濃度200mg/l、BOD除去率90%とするとき、処理後（出口）のBOD濃度（mg/l）はいくらか。なお、除去率ηは次のごとく表される。

$$除去率\ \eta = \frac{入口濃度 - 出口濃度}{入口濃度} \times 100\ （\%）$$

（答：20mg/l）

（2） 水処理技術の概要について述べよ。

（3） 下水道の種類と終末処理場の構成について述べよ。

第4章

廃棄物処理技術

4.1 廃棄物処理の目的

廃棄物の処理には、収集、運搬、処分の三つの過程があり、そのうち処分はさらに中間処理と最終処分に区別される。中間処理の方法は、後述の焼却・破砕・圧縮・高速堆肥化・溶融・熱分解等があるが、いずれの方法においても処理の目的は、物理的・化学的・生物学的にあるいは衛生学的に、① 安全化（無害化）、② 安定化、③ 減量化、④ 再利用化することである。

このうち、再利用化は埋立て処分量の減少につながるもので、広い意味では減量化の一つといえる。

近年、ごみ量の急増の傾向や埋立て処分地の逼迫しているわが国では、この減量化は、処理の目的の中で大きなウエイトを占めるようになってきている。

本項においては、このうち、焼却技術および各資源化技術の概要について述べたい。

4.2 中間処理の位置づけと処理技術の分類

ごみ処理のトータルフローとしては、図2.4.1に示すようにごみの発生、排出に始まり、収集・輸送、中間処理（焼却、破砕、資源回収等）および最終処分（埋立て等）に至るものがある。このうち、中間処理を経ないで直接に埋立て地で処分されるごみもある。

ごみ処理コストのうち、収集輸送費は全体の約70%に達するため、この部分の費用の低減は重要な課題である。ごみの収集輸送には従来よりごみ収集

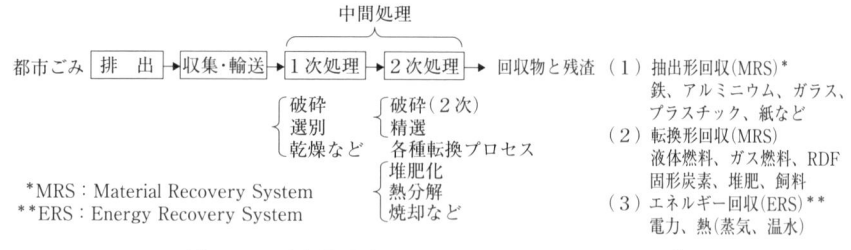

```
                         中間処理
                    ┌──────────┐
都市ごみ → 排 出 → 収集・輸送 → 1次処理 → 2次処理 → 回収物と残渣  (1) 抽出形回収(MRS)*
                              ┌破砕    ┌破砕(2次)                      鉄、アルミニウム、ガラス、
                              │選別    │精選                            プラスチック、紙など
                              └乾燥など│各種転換プロセス         (2) 転換形回収(MRS)
                                      │堆肥化                           液体燃料、ガス燃料、RDF
 *MRS：Material Recovery System       │熱分解                          固形炭素、堆肥、飼料
**ERS：Energy Recovery System          └焼却など                 (3) エネルギー回収(ERS)**
                                                                      電力、熱(蒸気、温水)
```

図2.4.1 資源化を含めたごみ処理のトータルフロー[4]

車が用いられ、人力による清掃作業として行われてきているが、近年、新しいベッドタウン、住宅団地等ではごみの真空輸送（パイプ輸送）方式が採用されている。このほか、輸送効率の向上、交通渋滞の緩和などをねらい、ごみの中継基地が設置され、ここでごみを小型収集車（2t車等）から大型のコンテナ車（10〜20m^{3}程度）に積み替えて最終処分地等へ輸送する方式も一部の都市では採用されている。また、ごみ収集車の新しい試みとして電動式ごみ収集車も一部の都市では採用されている。これは自動車排ガスの出ないことや低騒音化等の低公害化をねらったもので、そのバッテリーの充電にはごみ焼却工場で発生した電力を利用している。

またごみの収集形態は、従来からの混合収集方式と分別収集方式とに分けられる。後者は当初、焼却処理における金属くずや廃プラスチック等の不燃物または燃焼不適物等の分別が主体であったが、その後積極的にごみから缶、びんなどの資源回収を行い、それにより埋立て地への搬入ごみ量の減少を目的として行われるようになってきている。したがって分別の程度も都市により可燃物、不燃物（燃焼不適物を含む）の2分別から資源化および有害ごみ（蛍光灯ほか）の分別として5分別程度まで行っているところもある。

中間処理については、わが国では焼却処理が量的に約4分の3を占めており、平成12年度では、ごみ収集量5209万tのうち、焼却77.4％、資源化等の中間処理12.4％、直接資源化4.3％、直接最終処分5.9％となっている。

またごみの発生原単位は、1991年度〜2000年度間で平均1.11kg/人・日（1.103〜1.132 kg/人・日）である。

平成12年度の全国市町村におけるごみの発生源別実績では、ごみ総排出量5236万2千t この内、生活系ごみ排出量3437万2千t（65.6％）、事業系ご

み排出量1799万t（34.4％）である。

なお、市町村の人口規模別ごみ排出量を見ると、生活系ごみ量はそれ程差はないが、50万人以上の大都市における事業系ごみの排出量は中小都市に比し2倍以上になっている。

4.3 焼却処理

（1） ごみ発熱量ほか

わが国では、都市ごみ焼却炉は1960年代前半から、ごみの供給、燃焼、灰の取出し等を機械化したいわゆる機械炉が開発され、その後1960年代後半からごみ質の変化、たとえば廃プラスチック類の混入率の急増等による焼却時の種々の問題点を経験し、さらに1973年後半のいわゆる石油ショックを契機とした省資源、省エネルギーの気運の高まりの中で、ごみ焼却においても熱エネルギー回収の普及、拡大に注力されてきている。

ごみ質は有機分（可燃分）、無機分および水分の3成分に分類されるが、焼却処理では、その低発熱量（Hl）がごみの持つエネルギー量を表す因子として重要である。

表2.4.1にごみ質の一般的性状の例を示す。

1965年頃のごみ質として、その低発熱量は自燃限界とされる850kcal/kg程度で、当時は燃焼の前工程としてごみを如何に効率よく炉内で乾燥させるかに注意が払われ、火格子の構造や予熱空気の導入方法等について改良が行われてきている。

ごみ低発熱量はその後、ごみ質の変化（紙類やプラスチック類の増加や水分の低下）により徐々に上昇し、欧米並に近づく傾向を示し、大都市ではHl 2000〜2500 kcal/kgの施設計画も行われるようになっている。図2.4.2に主要都市におけるごみ発熱量の推移例を示す。

〈発熱量の試算方法〉

燃料（ごみ）中に水分を含む場合、あるいは水素分を含む場合は燃焼生成物中に水蒸気あるいは水を持つことになるが、これが水の場合は、水蒸気の場合よりも水分の蒸発熱に相当する分だけ発熱量が高い。したがって、燃焼生成物

表 2.4.1 ごみ質の一般的性状 (1975 年)[4]

項目		平均値(範囲)
1) 乾物当たり (%)	紙・布類	46.2 (16.7～64.9)
	木・竹・わら類	5.6 (0.6～23.1)
	合成樹脂類	12.7 (3.9～27.9)
	ちゅう芥類	18.6 (3.0～51.1)
	不燃雑芥類	10.7 (0.7～24.7)
	その他雑物	6.1 (0.0～28.1)
	計	100.0
2) 生ごみ中 (%)	水分	56.0 (34.0～75.0)
	総固形物	44.0 (25.0～66.0)
	総可燃物	32.7 (17.8～49.4)
	総灰分	11.3 (4.4～22.9)
	計	100.0
3) 生ごみ低発熱量 (kcal/kg)		1442 (533～2354)

1kcal/kg = 4.1868kJ/kg

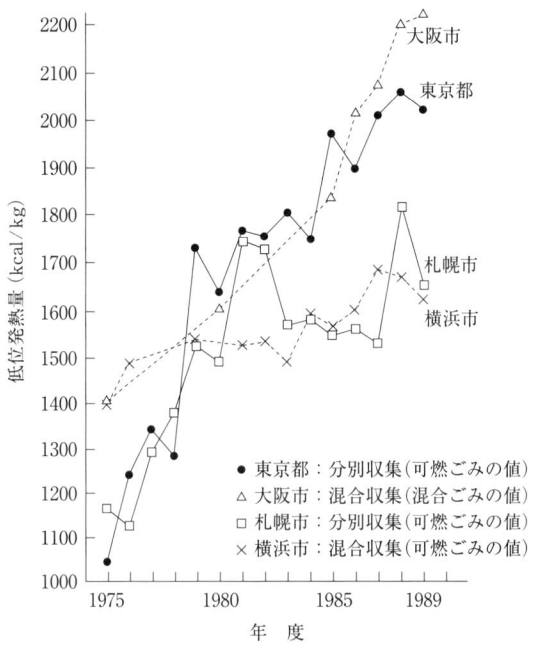

図 2.4.2 主要都市の都市ごみ低位発熱量の推移

中に水分が液状のときの発熱量を高発熱量 Hh といい、水分が蒸気のときの値を低発熱量 Hl あるいは真発熱量という。

固体、液体燃料（ごみ）の場合の発熱量は通常ボンブ熱量計で測定する。これには、水槽にボンベを入れ、試料 1 gr と圧力約 30 kg/cm² の酸素を入れて、電気的に点火し、水温の上昇と水量を正確に測定して、発熱量を求める。この場合、燃焼生成物中の水分は液状になるので高発熱量 Hh 量が求まる。

高発熱量から低発熱量を求めるには、まずごみ 1 kg 当たりに生成される燃焼ガス中の水分 w'（kg/kg）を測定（熱量計に付着した水分を集めて秤量する）するか、あるいはごみの組成が既知の場合は計算で求める。

$$Hl = Hh - 600w' \text{（kcal/kg）} \qquad (2.5.1)$$

ここで、Hl：低発熱量、Hh：高発熱量、600（kcal/kg）は 0℃における水の蒸発熱である。

ごみ 1 kg 中の炭素、水素、硫黄、酸素および水分の重量をそれぞれ c、h、s、o、w（kg/kg）とすると、

　　高発熱量　　$Hh = 8100c + 34000(h - o/8) + 2200s$（kcal/kg）

また

　　低発熱量　　$Hl = 8100c + 29000(h - o/8) + 2200s - 600w$（kcal/kg）

で表される。

水素分を $(h - o/8)$ としたのは、酸素 o はすでに H_2O としてごみ中の化合水分になって燃焼にあづからないと考える。低発熱量は（2.4.1）式から求まるが、

$$w' = w + 9h \text{（kg/kg）}$$

で与えられる。

また、ごみの場合、成分組成分析から発熱量を知る方法がある。

$$Hl = Hl_B \cdot B - 600w$$

Hl_B は可燃分の発熱量、B は可燃分含有率（%/100）である。
Hl_B の値は可燃分中のプラスチック類の割合によって変化するので、

$$Hl_B = Hl_{pl} \cdot x_{pl} + Hl_{pa} \cdot x_{pa}$$

を用いて計算する。ただし、Hl_{pl} はプラスチック類の発熱量である。実際のごみ中の分析例を参考にして、プラスチック類は、ポリエチレン 50%、ポリプロピレン 12%、ポリスチレン 18%、ポリ塩化ビニル 20% から成り立つとし、またプラスチック以外の部分 x_{pa} は、95% のセルローズと 5% の油脂より成り

立つとすれば、
$$Hl_{pl} = 8845\,\text{kcal/kg}$$
$$Hl_{pa} = 4500\,\text{kcal/kg}$$
となる。異物の混入等を考慮し、一般的に
$$Hl = [8000 \cdot x_{pl} + 4500 \cdot x_{pa}]B - 600w$$
とする。表2.4.2にごみ発熱量と各成分の例を示す。

熱計算の手順としては、燃焼用空気量の算定、空気比の設定、熱収支（入熱、出熱、排ガス温度の計算）等を行い、排気ガス量の算定を行う。

（2） 焼却施設の機能

焼却炉の形式としては、火格子炉のほかに流動床式焼却炉等も開発され、1炉当たり150t/dの大容量プラントも運転されている。図2.4.3に都市ごみ焼却炉の一例を示す。

（a） 処 理 能 力

ごみ焼却施設は、指定の熱灼減量、各種の二次公害排出規制を満足し、指定のごみ質の範囲内で、指定のごみ量を処理する能力を保持しなければならない。表2.4.3に炉の形式と規模、運転時間等を示す。

表 2.4.2　ごみ発熱量と各成分例[5]　　V_1：プラスチック以外の可燃分
　　　　　　　　　　　　　　　　　　　V_2：プラスチック分

Hl (kcal/kg)		900	1000	1200	1350	1500	1750	1800	2000	2300
		%	%	%	%	%	%	%	%	%
水　　　分		62.00	60.00	56.00	52.50	49.50	44.00	43.00	38.50	32.00
可燃分	V_1	24.00	25.66	28.98	31.42	33.91	38.00	38.83	42.09	47.02
	V_2	2.40	2.57	2.90	3.14	3.39	3.80	3.88	4.21	4.70
灰　　　分		11.60	11.77	12.12	12.94	13.20	14.20	14.29	15.20	16.28
可燃分の組成	C	12.90	13.79	15.57	16.88	18.22	20.43	20.87	22.62	25.26
	H	1.85	1.97	2.23	2.42	2.61	2.92	2.99	3.24	3.62
	O	10.86	11.61	13.11	14.21	15.34	17.19	17.57	19.04	21.27
	S	0.01	0.02	0.02	0.02	0.02	0.02	0.02	0.03	0.03
	N	0.50	0.54	0.61	0.66	0.71	0.80	0.81	0.88	0.99
	Cl	0.28	0.30	0.34	0.37	0.40	0.44	0.45	0.49	0.55
Hh (kcal/kg)*		1372	1466	1656	1796	1938	2172	2219	2406	2687

＊ Hh：高位発熱量を示す。

断面図

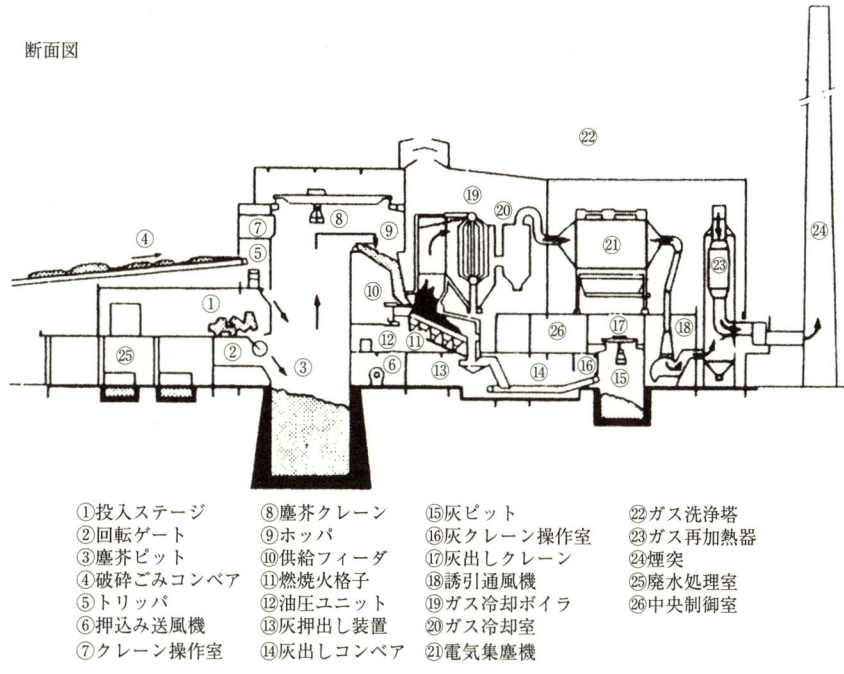

①投入ステージ　　⑧塵芥クレーン　　⑮灰ピット　　　　　㉒ガス洗浄塔
②回転ゲート　　　⑨ホッパ　　　　　⑯灰クレーン操作室　㉓ガス再加熱器
③塵芥ピット　　　⑩供給フィーダ　　⑰灰出しクレーン　　㉔煙突
④破砕ごみコンベア ⑪燃焼火格子　　　⑱誘引通風機　　　　㉕廃水処理室
⑤トリッパ　　　　⑫油圧ユニット　　⑲ガス冷却ボイラ　　㉖中央制御室
⑥押込み送風機　　⑬灰押出し装置　　⑳ガス冷却室
⑦クレーン操作室　⑭灰出しコンベア　㉑電気集塵機

図 2.4.3 都市ごみ焼却施設の断面図一例[4]

表 2.4.3 施設規模別炉形式表[5]

炉 形 式		施設規模 t/日	運転時間
(1) 連　続 燃焼式	イ) 全運転	80以上	24 (h/日)
	ロ) 准連続	40〜180	16 (h/日) など (間欠運転)
(2) バッチ 燃焼式	イ) 機械化バッチ	〜100	8 (h/日) を原則
	ロ) 固定バッチ	〜20	8 (h/日) を原則

（b）熱灼減量

　熱灼減量は、ごみの焼却残渣中に残る未燃有機物分（重量％）を表すもので、焼却処理における無害化処理の程度を示す指標であり、残灰（焼却飛灰を含む）の埋立て処分に際して重要な意味をもっている。

また焼却炉の運転管理上からみた場合、熱灼減量の大小は、対象とするごみ質と処理量に対して適切な運転条件において良好な燃焼状況を保持したかどうかの目安となるものである。

ごみ処理施設構造指針では、施設の規模と炉型式に応じてこの熱灼減量値を表2.4.4のごとくきめているが、燃焼法の改善等により実際にはこれらを下回る施設も多くなっている。ごみ焼却残渣の場合、その試料の強熱温度が高すぎると、本来の未燃物のほかに塩化物、硫酸塩、硝酸塩等の分解による減量が加算されるため、灰の熱灼減量の測定は、600℃、3時間の強熱減量をもって熱灼減量値とするよう定められている。

(c) 火格子燃焼率　G [kg/m²h]

燃焼室の火格子面積1 m²、1時間（定常運転）当たりに目標の熱灼減量以下に焼却できるごみ量 [kg] をいう。

$$G = \frac{W[\text{kg/日}]}{h \times \text{火格子面積}\,[\text{m}^2]}$$

ここで、W：ごみ焼却量 [kg/日]、h：稼動時間 [h/日]

構造指針では、ごみ発熱量1000 kcal/kgの場合、火格子燃焼率として下記のごとく与えている。

表2.4.4　施設の規模、炉型式別熱灼減量[5]

炉型式 \ 施設の規模	20	40	80 (100 t/日)	180 (200 t/日)
全連続燃焼式			7％以下	5％以下
准連続 〃		7％以下		
機械化バッチ燃焼式	10％以下			
固定火格子バッチ	10％以下			

なお、ごみ処理施設整備の計画・設計要領では、連続運転式5％、間欠運転式7％に変更されている[10]。

第4章　廃棄物処理技術

　　バッチ燃焼式（自然通風、熱灼減量10%）　　　　　　　　120 kg/m²h
　　バッチ燃焼式（強制通風、または吸引力20 mmAq　　　　160 kg/m²h
　　　　　　　　 以上の自然通風、熱灼減量10%）
　　連続燃焼式　（処理能力150 t/24 h、空気予熱温度　　　　200 kg/m²h
　　　　　　　　 200℃、熱灼減量7%）

（d）　燃焼室熱負荷

燃焼室容積1 m³、1時間（定常運転）当たりの燃焼熱発生量（低位）（kcal/m³·h）をいう。燃焼室容積はごみがない状態で算出するものとするが、次の標準値が示されている。

① バッチ燃焼式：$4～10 \times 10^4$（kcal/m³h）
② 連続燃焼式　：$8～15 \times 10^4$（kcal/m³h）

（e）　燃焼室出口温度

揮発性可燃ガスの完全酸化分解、無臭化のために次のごとく定められている。

① バッチ燃焼式：400℃以上950℃以下
（ただし700℃以下の場合は、別途排ガスを700℃まで上げるなど悪臭防止構造とする。）

② 連続燃焼式　：750℃以上950℃以下
（ただし、燃焼室下部まで水冷壁を有する炉および炉内水噴霧等を行う場合は、それらによる影響を配慮した温度にしなければならないとしている。）

（f）　2次公害防止対策

ごみ燃焼時に発生する排ガス、排水、残渣の処理については、2次公害防止または各種の排出規制値を満足するために、それぞれの防止技術が開発されてきている。

ごみ燃焼排ガス（約900℃以上）はガス温度低減装置（廃熱ボイラーまたは水噴射装置式）により、ガス温度を約300℃以下に下げる。その後この排ガス中の除じん方式として電気集じん器や機械式集じん器が用いられている。

ばいじんの排出基準は表2.4.5のとおりである。

塩化水素（HCl）の排出規制値は国では700 mg/Nm³（430 ppm）の濃度規制があるが、自治体によってはこれよりかなり低い排出濃度を要求するところも出ており、これに対して各種の処理方式が開発されている。その一例を

表 2.4.5 ばいじんの排出規制基準[5]

施設の種類	施設の規模	排出基準(g/m^3N)	
		一般	特別
連続炉	排ガス量 4万m^3N/h以上	0.15	0.08
	4万m^3N/h未満	0.50	0.15
連続炉以外のもの	—	0.50	0.25

表 2.4.6 焼却炉排ガスの塩化水素除去技術の例[5]

プロセス	方式		塩化水素除去率 %
湿式	簡易型	水噴射温度低減装置による方法 / 簡易洗浄法	40〜50
	完全形・アルカリ液洗浄方法		〜95
乾式	簡易形	焼却炉内アルカリ噴射方法	40〜60
	完全形	アルカリ液噴射蒸発方法 / 移動層方法	70〜90

　表 2.4.6 に示す。各処理方式の開発の経緯を見ると、当初高い除去率を要求されるときは、湿式法（アルカリ液洗浄法）が用いられたが、この方式では重金属除去を含む廃水処理が複雑となり、白煙防止の処置も大気条件によっては必要となるため、乾式法（アルカリ液噴射蒸発方式、移動層方式、焼却炉内および煙道へのアルカリ剤噴射方式）の開発、普及が図られ、その除去効率も次第に向上してきている。また乾式法では、反応生成物の除去に電気集じん器のかわりにバグフィルターを用い、ここで除じんとともに脱塩反応の仕上げを行わせる方式も開発されている。

　乾式法による HCl 除去性能の例および系統図の例を図 2.4.4〜2.4.6 に示す。

　窒素酸化物の排出規制値は国としては、250 ppm であるが（表 2.4.7）、炉温度の関係から発生原因は、フュエル NO_x が 7〜8 割以上を占め、残りはサー

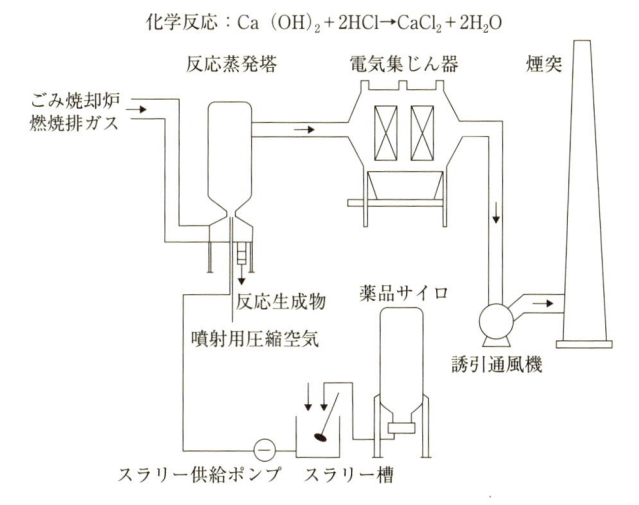

化学反応：Ca(OH)$_2$ + 2HCl → CaCl$_2$ + 2H$_2$O

図2.4.4 半乾式HCl除去フローシート例[5]

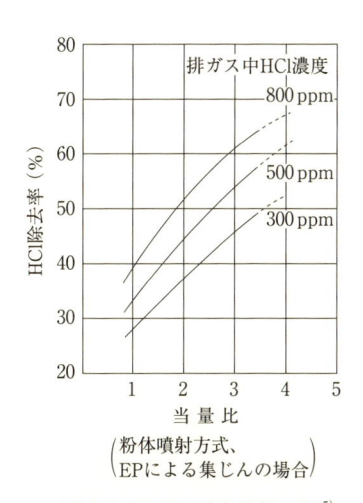

図2.4.5 HCl除去性能の例[5]
（粉体噴射方式、EPによる集じんの場合）

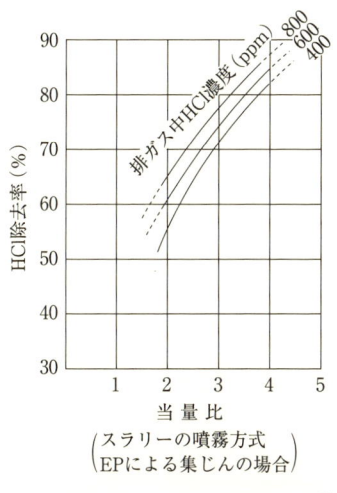

図2.4.6 HCl除去性能の例[5]
（スラリーの噴霧方式、EPによる集じんの場合）

マルNO$_x$である。

NO$_x$低減の方法としては、発生源対策と排煙脱硝技術に分かれるが、炉内の燃焼制御法として炉内最高温度の管理、低O$_2$燃焼、炉内水噴射等の方法が開発、実用化されている。これらによりNO$_x$値は100〜150ppmにまで低下

表2.4.7 窒素酸化物の排出規制基準[5]

施設の種類[*1]	施設の規模	排出基準[*2](ppm)
連続炉	—	250
連続炉以外のもの	4万m³N/h以上	250
	4万m³N/h未満	—

[*1] 浮遊回転式炉を除く
[*2] 残存酸素濃度12%換算値

表2.4.8 一般的なNO_x抑制運転法と効果[5]

No	方式	内容	期待できるNO_x濃度
1	低O_2燃焼制御法	排ガスO_2濃度を10%以下で運転すればNO_x=100ppm以下が可能である	100ppm以下
2	低O_2燃焼制御法＋水噴霧法の併用	全上にさらに炉内に水噴射を行うことにより80ppm以下に抑制できる	70～80ppm以下
3	低O_2燃焼制御法＋排ガス再循環法	電気集じん器後の排ガスを炉内に吹き込み、燃焼を抑制することによりNO_xの発生を抑制する	70～80ppm以下

してきている。またアンモニア等の還元性ガスを炉内に噴出し、燃焼ガスと混合させ、窒素酸化物を還元する無触媒高温脱硝法および排ガス再循環方式、さらに触媒を利用した脱硝プロセスも研究、開発され、実用化の段階にきている。なお、表2.4.8に一般的なNO_x抑制運転法と効果の例を示す。

このほか、近年、微量有害物質として、ダイオキシンがごみ焼却において排ガスおよび残渣中から検出され、この除去対策が立てられている。

ごみ焼却炉におけるダイオキシン発生防止対策としては、通常"3T"が重要視されている。すなわち、Temperature（燃焼温度）、Turbulence（燃焼ガスと新鮮空気との混合）およびRetention Time（滞留時間）の3要因である。国としてはダイオキシン対策としての運転管理のガイドラインを定めている。

焼却残渣および飛灰の処理については、図2.4.7に示す各種の方式が開発されている。このうち、集じん施設により集められたばいじんは、廃棄物処理法の改正により、特別管理廃棄物に指定され、含有重金属の溶出防止を図る等注意して扱うことが必要である。

焼却灰の有効利用については、溶融処理によるブロック等の建材への利用も実用化が進められている[13),14)]。

第4章　廃棄物処理技術

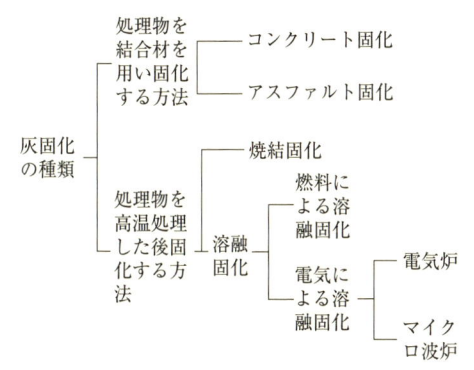

```
灰固化 ─┬─ 処理物を結合材を用い固化する方法 ─┬─ コンクリート固化
の種類  │                                    └─ アスファルト固化
        └─ 処理物を高温処理した後固化する方法 ─┬─ 焼結固化
                                              └─ 溶融固化 ─┬─ 燃料による溶融固化
                                                            └─ 電気による溶融固化 ─┬─ 電気炉
                                                                                    └─ マイクロ波炉
```

図 2.4.7　灰固化方式の分類[5]

（3）熱利用[11),12),16),17)]

　日本での都市ごみ焼却施設での熱利用の歴史は約40年になるが、当初は排ガス系統に設置した熱交換器による所内暖房、給湯程度であった。その後、本格的な熱利用は、大容量の連続燃焼式焼却プラントにおいて実用化が進められてきている。廃熱ボイラーの蒸気圧力、温度は、排ガス中の塩化水素等の腐食性ガス成分やダストのために、一般に$20 \sim 23\, kg/cm^2 g$の飽和または過熱蒸気（$240 \sim 280\,℃$程度）が用いられ、またタービン出口圧力は1 ata以上の背圧式が多かったが、発電量増大のため0.25 ata程度の復水式も増加の傾向にある。炉形式別の熱利用の状況の一例を図2.4.8に示す。この図から施設の規模やガス温度低減の方法（ボイラーまたは水噴射等）により熱利用の状況に幅があるが、施設内の暖房給湯が多いことがわかる。

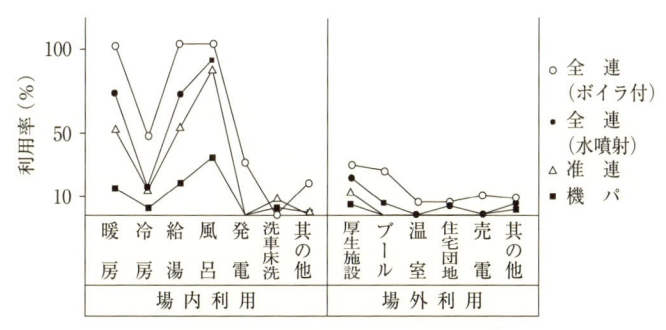

図 2.4.8　炉形式別熱利用の状況[7]

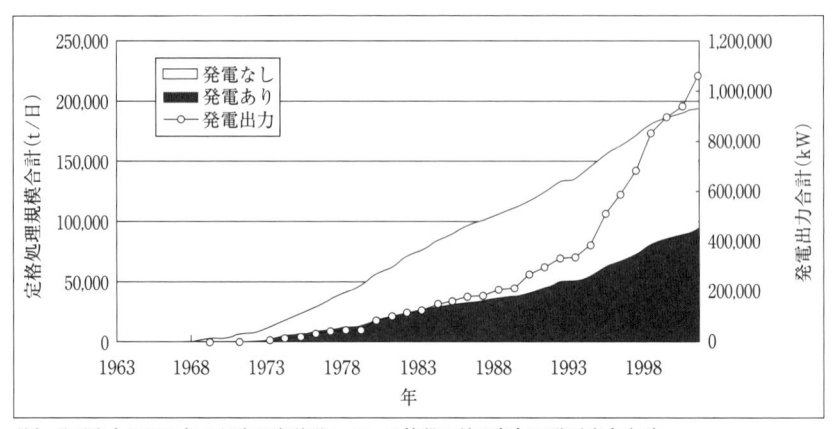

注）発電出力は2001年3月末現在稼動している施設の竣工年毎の発電出力合計。

図 2.4.9 一般廃棄物焼却施設と発電状況の推移（2000年度末現在）[15]

ごみ発電施設は全国で現在約150プラントあり、従来、その施設規模は300t/d程度以上であったが近年はそれ以下の施設でも発電が行われている。また発生電力も場内消費だけでなく、外部に売電するケースも増えつつある。ごみ発電施設の増加傾向、規模別ごみ発電出力の分布を図2.4.9、2.4.10に示

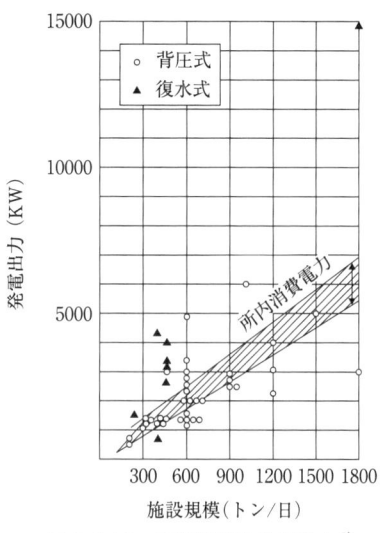

図 2.4.10 規模別ごみ発電出力 [7]

すが、その急速な発達の状況がよくわかる。

また地域との結合という意味ではヨーロッパに例の多い地域暖房と発電との組み合せをした熱併給発電がわが国でも実施されている。

なお、最近の傾向としては、熱回収率の向上を目指して、蒸気の条件を高温、高圧化が見られるが（400℃、40kg/cm^{2}g 等）、またガスタービンとのコンバイント（複合）システムやクリーンガスの燃焼による蒸気の再加熱方式（スーパーファイアシステム）も開発が進められている。

なお、中小施設（間欠運転の炉）等における熱利用の普及、拡大のためには、種々の技術調査が行われているが、今後、低温廃熱回収技術や蓄熱技術の開発が望まれる。

4.4 破砕処理

(1) 技術の原理

破砕、粉砕に関する技術は、各種産業の生産プロセスの一工程として古くから重要な地位を占め、その目的に応じて各種のものが実用化されている。たとえば砕石プラントの岩石の破砕、鉱石原料などの製品化のための粉砕、石炭のボイラ燃焼のための微粉砕などがある。

破砕、粉砕を効率よく行うためには、被破砕物に対して、圧縮、衝撃、摩擦、せん断の4種の力を働かせることができるが、これらの力を破砕対象物の特性に応じて単独で、または組み合わせて加える破砕機が開発されている。

たとえば、がれきなどの脆い材料には主に圧縮力、衝撃力の働く形式のものが適当であるが、繊維状のもの、シート状のものには主に摩擦力、せん断力を応用した破砕機が適している。

(2) 破砕の効果

破砕の効果としては次のことが挙げられる。

（a） 見掛け比重の増加

見掛け比重の増加により、最終的には埋立て効果の向上となるが、処理施設内での搬送などの取扱いも容易となり、また運搬や貯蔵の効果を上昇させることができる。

（b） 特定成分の分離

固形廃棄物中に含まれる有価物を中心として粉砕することによって、特定成分を分離することができる。たとえば、鉄系金属（磁性金属）は磁選機で分離できるし、その他風力による分級、振動ふるいなどによる粒度分別、重液による比重分離など後段の各種の選別工程における分離効率を向上させることができる。

（c） 燃焼効果の促進

可燃性廃棄物の場合、とくに大型廃棄物（粗大ごみと称する）は一般に焼却炉の投入部寸法から制限され、また燃焼時の炉内への漏洩空気の流入防止上、および燃焼効果の上から粒度が小さく、かつ揃っている方が燃焼の均一化から好ましい。

（d） そ の 他

各種の資源化工程が付設される場合、処理効率の均一化、安定した性能保持の上からも必要な工程である。

（3） 破砕処理のフロー例

代表的な処理フローの数例を以下に記載する。（図 2.4.11）

一般廃棄物では、生活の向上等により、家具類、家庭電化製品等を破砕して

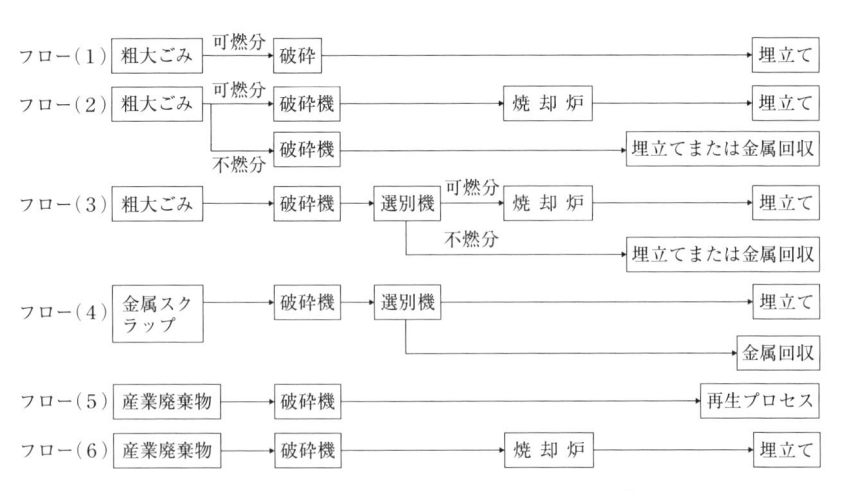

図 2.4.11 破砕処理のフローシート代表例[6]

第4章　廃棄物処理技術

減容化を図るもので粗大ごみであるため、一般に見掛け比重の増加が大きい。
　フロー（1）のように、破砕後全量埋立てをするものもあるが、フロー（2）のように入口側で分別収集により可燃分と不燃分とに分けて集め、これらを別個に破砕し、可燃分を焼却する場合や、またフロー（3）のように全量破砕後、選別機で可燃分と不燃分に分別してから、可燃分を焼却処理する場合がある。廃自動車やメタルスクラップなど、粗大金属の運搬効率の向上、回収鉄分の純度の上昇と形状の均一化を図ったものである。
　フロー（4）は金属用に限らず、主に産業廃棄物を再生する際に粒度の均一化をねらって再生プロセスの前処理として計画されるものである。
　フロー（5）、（6）は産業廃棄物を対象に破砕処理の後、再生プロセスに送り、または焼却処理を行うものである。

（4）　装置の種類

　固形廃棄物処理用の破砕機を構造別に分類した場合表2.4.9に示すものがある。これらは回転破砕機（乾式および湿式）、切断機および圧縮機等であるが、さらに操作時の温度により、常温破砕と低温破砕に分けられる。後者は低温（0℃以下）における廃棄物の物性、――脆性の差による金属の分離（銅と鉄系金属）やプラスチック類の分離（オレフィン系と塩ビ等）に利用される。

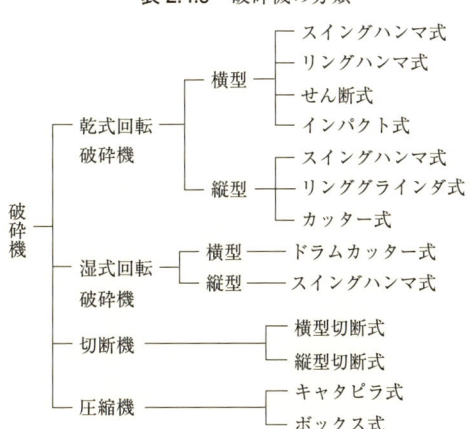

表2.4.9　破砕機の分類[6]

```
            ┌─ 乾式回転 ┬─ 横型 ┬─ スイングハンマ式
            │  破砕機   │       ├─ リングハンマ式
            │           │       ├─ せん断式
            │           │       └─ インパクト式
            │           └─ 縦型 ┬─ スイングハンマ式
            │                   ├─ リンググラインダ式
破砕機 ─────┤                   └─ カッター式
            ├─ 湿式回転 ┬─ 横型 ─── ドラムカッター式
            │  破砕機   └─ 縦型 ─── スイングハンマ式
            │
            ├─ 切断機 ──────┬─ 横型切断式
            │               └─ 縦型切断式
            │
            └─ 圧縮機 ──────┬─ キャタピラ式
                            └─ ボックス式
```

（5） 破砕機の型式
破砕機の構造、作用力から実用上、次のものがある。

〈回転式〉
回転軸に取付けたインパクト（衝撃力）ハンマまたはカッタ（せん断力）ハンマとその周辺に設置されたケースまたはカッタによって、廃棄物に衝撃力、せん断力、圧縮力を個別にまたは複合して作用させる形式の破砕機で電動機駆動のものが多い。

（a） インパクトクラッシャ

構造例を図2.4.12に示す。廃棄物の衝撃破砕を行うもので、適用範囲は、一般ごみ、金属ガラス、がれきなどであり、通過隙間の調節で破砕粒度の調整を行う。鋭い刃を必要としないので、上記の廃棄物処理に適するが、延性プラスチック、布などの薄ものや、発泡プラスチックには衝撃力、せん断力の効果が低い。

（b） スイングハンマ型破砕機（図2.4.13）

インパクト型に不足しているせん断力を付加したもので、ロータに取付けた通常4個1組のスイングハンマと本体に取付けたカッターバーとの間のせん断力とハンマの衝撃力で廃棄物を破砕する。金属類、水分のある木質類、プラスチック類などの展性、延性のあるものも破砕できる。このほか、がれき、ガラスなどの脆性のものも処理できるので、混合廃棄物、大型産業廃棄物にも適用

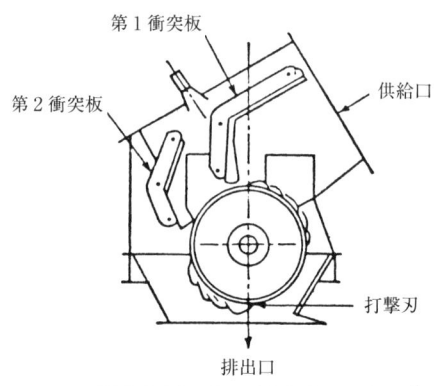

図 2.4.12　インパクトクラッシャ[4]

第 4 章　廃棄物処理技術　　　　　　　　　　　　　　　　　　　143

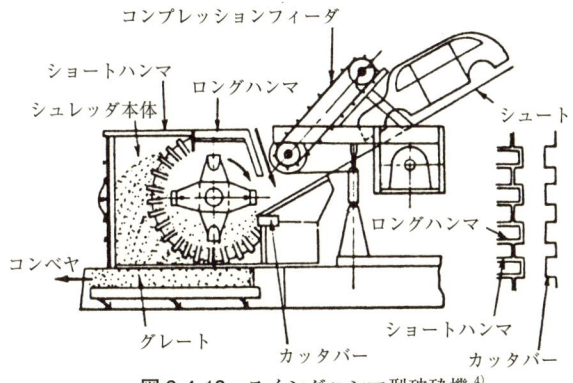

図 2.4.13　スイングハンマ型破砕機[4]

できる。コンプレッションフィーダを具え、破砕機本体への投入時の負荷を軽減し、本体駆動電動機電流を検出し、投入速度の自動調節も行われている。本装置による各種廃棄物の見掛け比重の増加例を表 2.4.10 に示す。また各種の廃棄物に対する処理量と電動機出力の関係の例を図 2.4.14 に示す。

表 2.4.10　破砕による見掛け比重の増加の例[6]

廃棄物の種類	破砕前比重	破砕後比重	倍率
金属系（家電製品など）	0.1〜0.2	1〜1.2	5〜10
木質系（家具など）	0.05	0.2〜0.3	5〜6
プラスチック系	0.1	0.2〜0.3	2〜3
が れ き 系	0.5	1〜1.5	2〜3

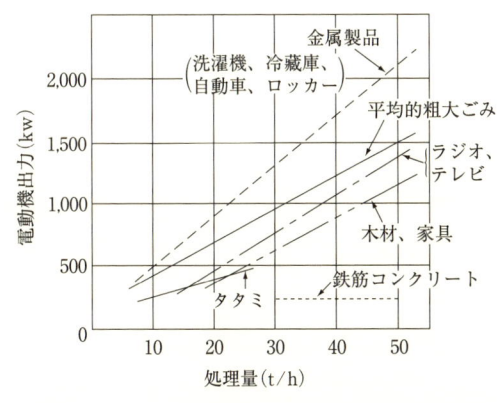

図 2.4.14　ごみの種類による破砕処理量と電動機出力[6]

（c）　プレイン・カッタ破砕機（図2.4.15）

回転刃と本体との間のせん断力のみで破砕を行い、衝撃力は比較的弱い。破砕されたものは、下部のスクリーンを経て粒度をそろえて排出される。比較的軟らかいプラスチック布なども破砕できる特徴を有するが、金属の混入に対し、刃の摩耗に注意を要する。比較的少容量の単品処理に適している。なお回転軸を2軸に、対向する回転刃の側面エッジのせん断力を利用したサイドカッタ方式のものもある。

（d）　往復式カッタ破砕機（図2.4.16）

数個のくし状の固定刃と往復刃を対向させ、交互に並べたもので、往復刃を油圧シリンダによって矢印のように円弧状に運動させ、鋏の原理によって、圧縮力、せん断力で破砕を行う。構造が簡単であり、騒音、粉じんも少ないが、細長いものや、板状のものは素通りしやすく、また破砕粒度を小さくしにくい。

（e）　圧縮式破砕機

上下2段のキャタピラが等速で周方向に回転し、2面間で圧縮破砕を行うも

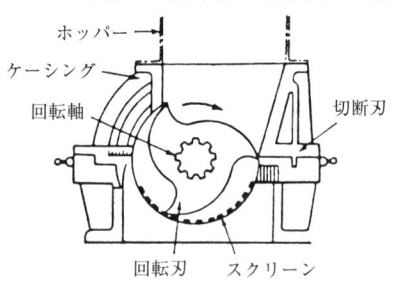

図2.4.15　プレインカッタ破砕機[4]

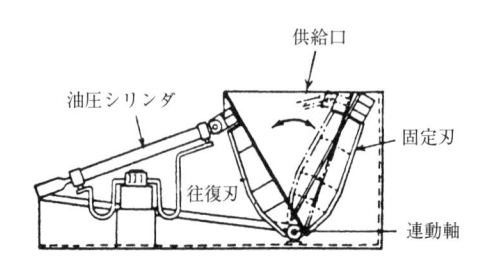

図2.4.16　往復式カッタ破砕機[4]

のであり、衝撃力、せん断力はほとんど働かない。したがって圧縮破砕が可能な脆い材料、たとえばガラス、コンクリート、硬質プラスチック家具などに適し、金属製品、軽質物は単に圧縮し、減容処理となる。

（f） 圧縮せん断型破砕機（図2.4.17）

ウイング、プッシャ、スタンパ、縦刃、横刃の順序で油圧駆動により、圧縮せん断破砕するものであり、衝撃力は働かない。金属類、廃車、タイヤ、木材、プラスチックなどの大型廃棄物処理に適する。

（g） 竪型ハンマ破砕機（図2.4.18）

衝撃力を主とした、立軸に粉砕ハンマを取り付けたもので、一部せん断力の利用により破砕する装置で上部投入口より廃棄物を供給するが、金属塊やタイヤなどは破砕されずに上部の異物選別口（跳ね出し口）より排出される。一般

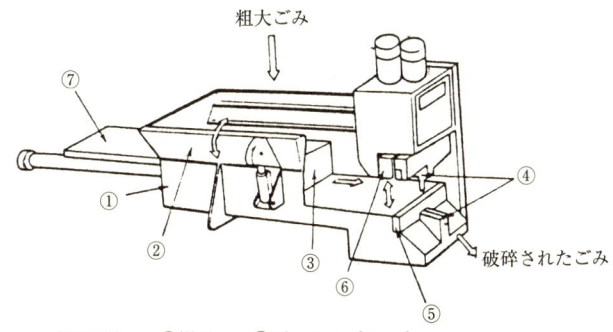

①供給箱　④縦刃　⑦プッシャプレート
②ウイング　⑤横刃
③プッシャ　⑥スタンパ

図 2.4.17　圧縮せん断型破砕機[4]

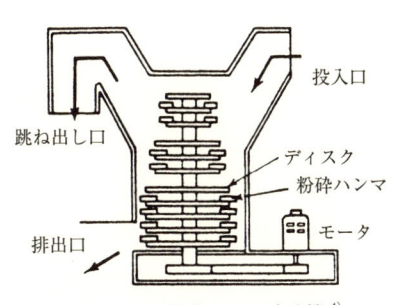

図 2.4.18　竪型ハンマ破砕機[4]

ごみに使用される。

（h）そ の 他

以上は、乾式での各種破砕装置であるが、この他湿式回転破砕機や冷凍破砕方式もある。湿式破砕は廃棄物が水の存在により、強度、脆性が変化することを利用して、破砕と選別を同時に行うものである。また、冷凍破砕は廃棄物を液体窒素などで冷却し、各種金属またはプラスチック類の低温脆化現象を利用して、破砕するものである。後者の消費電力は常温の4分の1程度と大幅に低減できるといわれるが、冷凍設備等が加わるため、全体にコスト高になるので、回収物の価格の高いものが対象となろう。

4.5　圧 縮 処 理

各種廃棄物の圧縮工程は、その中間処理の目的の一つである減容化に該当するものであり、最終の埋立て処分の効率化、あるいはその前の取扱い、輸送などを容易にし、能率向上を目的とするものである。

圧縮に関する技術は、各種の生産プロセスにおけるプレス加工（加圧機）、成形機の原理を応用したものが多く、廃棄物に面圧を加えることにより、廃棄物の内部の空隙を無くし、さらに廃棄物自体を圧縮し、見掛け比重を増加させるものである。

すなわち、金属性粗大ごみ、不燃ごみの圧縮、破砕処理に適し、資源回収や埋立て処分する空き缶、洗濯機などは圧縮、成形でき、またテレビ、ガラスびん、がれきのような脆い不燃性粗大ごみは細かく破砕され、木製家具、プラスチックのようなものも圧縮破砕される。圧縮機は一般に油圧式が多く、騒音、振動、粉じんが少なく自動運転、連続操作が可能である。

プレスの型式としては、三方締めプレス（図 2.4.19）や回転式プレス（図 2.4.20）が用いられている。このほか家庭ごみの収集輸送の効率化からごみの中継基地でコンパクタが用いられ（図 2.4.21）、またビル、病院、アパート等のダストシュートの下で小形コンパクタもごみ減容化に用いられている。

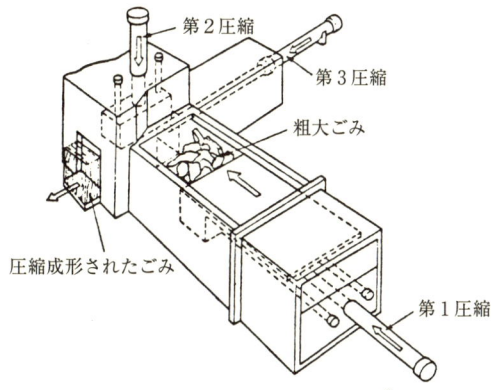

図 2.4.19　三方締めプレス[4]

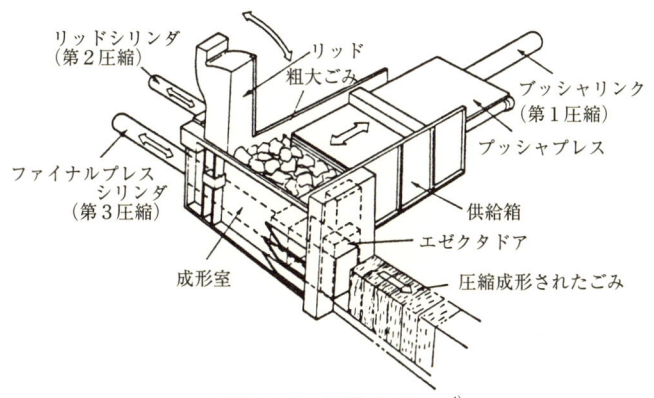

図 2.4.20　回転式プレス[4]

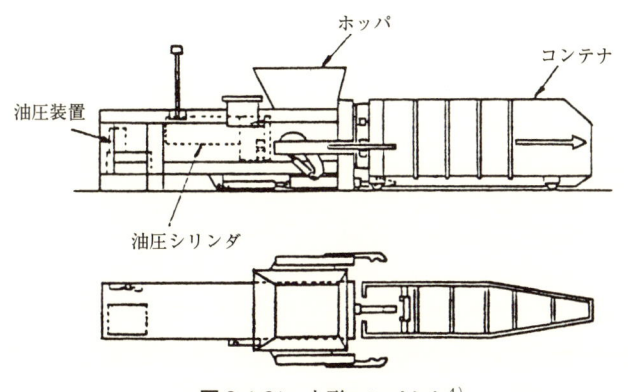

図 2.4.21　大形コンパクタ[4]

4.6 選別処理

（1） 選別の原理

本装置は一般的に破砕装置と組合わせて、埋立て、焼却の前処理用として可燃物、不燃物の分離、有価物の抽出、また資源化再利用プロセスの前端工程として、有価物や有機物などの分離回収に使用される。

選別工程の原理は、廃棄物の持つ物理的特性および化学的特性などを利用して、またはこれらを組合わせて使用する例が多い。種類としては、ふるい分け、風力選別、重力分離、磁力選別、静電分離などが挙げられるが、この選択に当たっては、回収物の種類、物性、形状、回収率、純度、経済性など、さらに二次公害対策なども考慮する必要がある。

（2） 選別の効果

この選別工程によって、混合廃棄物から単一の組成の原料、たとえば金属、ガラス、紙、プラスチックなどを単独で分離するもので、資源化再利用の最も重要な工程の一つである。この効果は、分別物の回収率およびその純度の二つの要因から評価されるべきである。

（3） 処理装置の例

（a） ふるい分け選別装置

ふるい分けは処理対象物をその粒径により2種に分別するものであり、分別段数を増すことにより3種類およびそれ以上に分別できる。分別条件により、乾式と湿式に分けられるが廃棄物の場合、湿式は水処理が必要とされるため、乾式の方が望ましい。

ふるいの型式としては振動型スクリーンあるいは回転ドラム型スクリーンが一般に用いられる（図2.4.22、2.4.23）。

（b） 比重差選別装置

選別物質の比重の差を利用して分別を行うもので、比重差が大きければ、かなりの精度で分離できる。一例として機械式選別装置を図2.4.24に示す。この方式は、比重差に粒度要素を分別条件に加えたもので、空気、水などの媒体

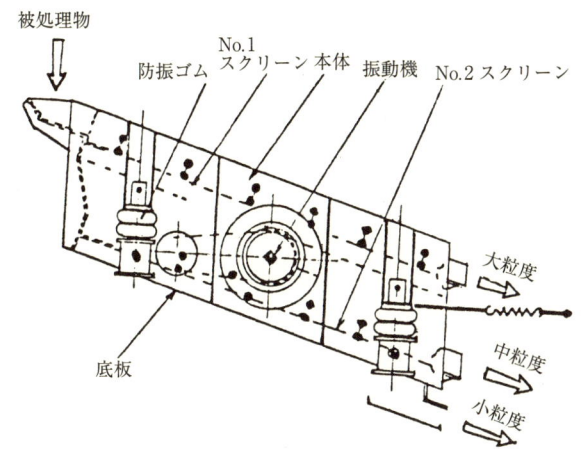

図 2.4.22 振動型スクリーン [4)]

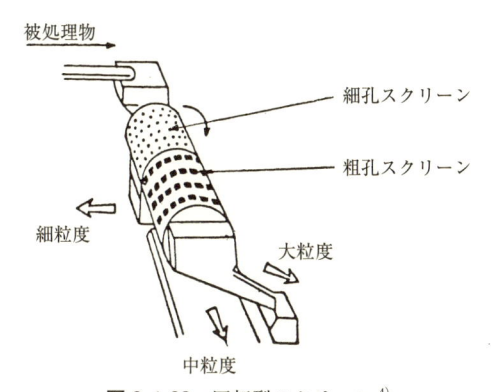

図 2.4.23 回転型スクリーン [4)]

を使用せずに自由落下する重力と、可撓性を有する弾性細線の反発力の差を利用したものである。第1段はロータリスパイク方式で、寸法の大、小による分離を行い、第2段でロータリブラシ（軸にピアノ線などを放射状に取りつけたもの）方式で重質物と軽質物を分離する。

比重差選別の他の形式としては、湿式分別があり、これは水または重液を用いて浮上、または沈降させて分離するものである。

（c） 風力選別装置

空気中での物質の落下速度、空気抵抗の差により分別する方法で、落下速度

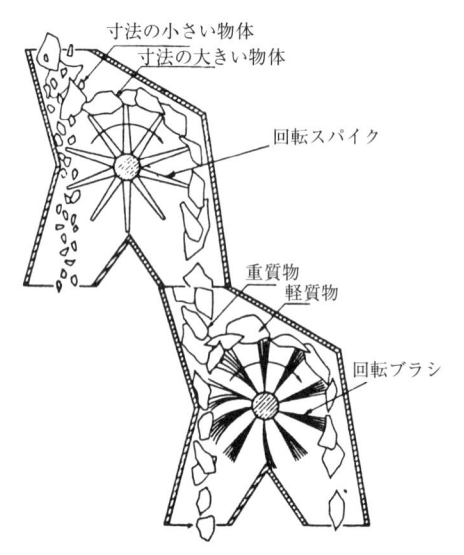

図 2.4.24　機械分別機[4]

は比重のみでなく、廃棄物の形状、寸法により空気から受ける抵抗力がバランスして決まる。

　この方法は、昔から農家の軒先で、稲の収穫時に脱殻作業としてもみがらと米の分離に用いられてきたものである。

　この原理を、密閉した容器内で行わせるようにしたもので、空気流としては上向流の縦型ジグザグ通路式および横型などのものがある（図 2.4.25、2.4.26）。

　廃棄物の場合、重質分（金属、土砂、ガラスなど）と軽質分（紙、プラスチック、繊維など）を分離するのに適用される。

　（d）　磁気選別装置

　廃棄物から鉄分（磁性鉄）を回収するもので、永久磁石または電磁石で鉄分を吸引し、分別する。構造的には、廃棄物を搬送するベルトコンベアの中間上部に設置した磁気ベルト、または端部に設置した磁気プーリーにより鉄分を吸引し、非磁性物と分離、回収する。この方式は、ごみ焼却施設において焼却残渣中の鉄分の分離、回収などにも適用される（図 2.4.27）。

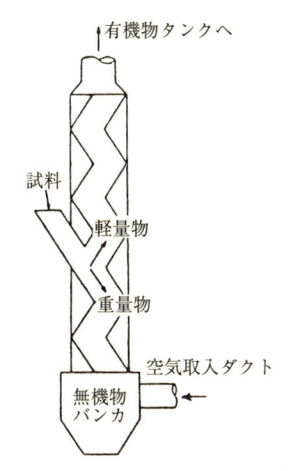

図 2.4.25 立型分別機外形図[4]

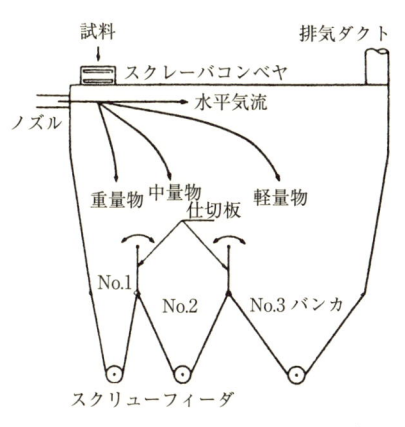

図 2.4.26 横型分別機外形図[4]

(e) 渦電流選別装置（図 2.4.28）

本装置は、対向させた磁石の間に働く磁束を、磁石を動かして変化させると、その間を通過する良電導性物質（アルミニウム、銅などの非磁性金属）に渦電流を生じ、これと磁場との相互作用で物体を移動させる力が働き、非磁性金属を非金属物質から分別できる。

形式としては、回転円盤式のものおよび傾斜板式のものがあり、後者では傾

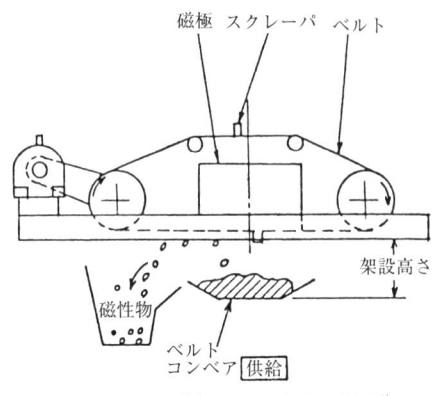

図 2.4.27 磁気ベルト式選別装置[4]

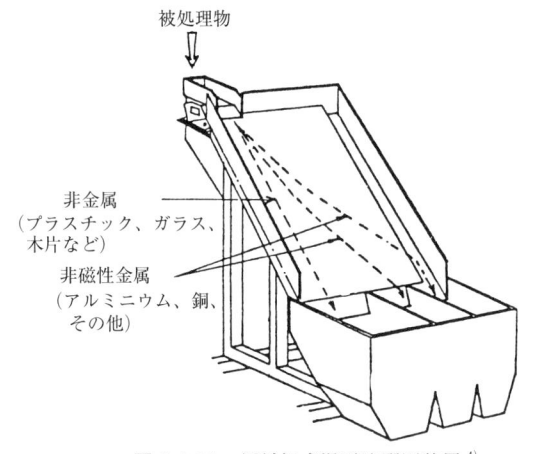

図 2.4.28 傾斜板式渦電流選別装置[4]

斜したステンレス板の下に多数の細長い棒磁石を落下方向に対し或る角度をもたせて配置し、かつN極とS極が交互に配列されているものである。本装置は、アルミニウムなどの非鉄金属の回収に適用される。

（f） 静電選別装置（図 2.4.29）

本装置は、高電圧コロナ放電で形成される静電場内を通過する物質の帯電性の差を利用して分別するものである。物質の帯電性は、物質固有の物性により異なるので非鉄金属から銅、アルミニウムの分離、プラスチック中の異物の除去、コンポスト中の異物の分離などに適用される。ただし、帯電性は水分の影

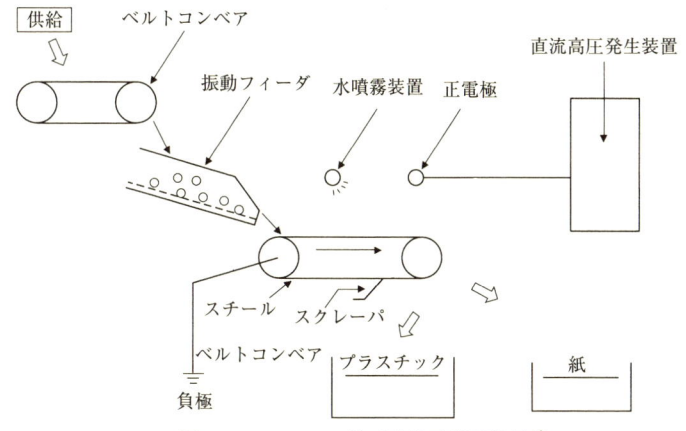

図2.4.29 コロナ放電式静電選別装置[4]

響が大きいので、事前の調整を要する。

（g）その他

上記のほかに、磁場選別（磁性流体式：非鉄金属混合物から有価金属の回収）、溶剤選別（キシレン溶解式：プラスチック種類別の分離）、光学選別（透過光や反射光の強度またはスペクトル分析により主としてガラスの回収や色分けに用いる）などの選別法も研究されている。

（h）選別処理フローシートの例

一例として、粗大ごみ、不燃ごみ破砕処理施設にアルミニウム選別を含めたフローを図2.4.30に示し、またそれらの物質収支を表2.4.11に示す。本施設

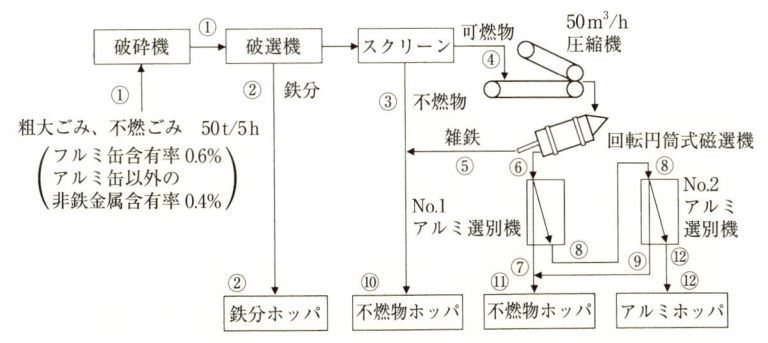

図2.4.30 粗大ごみ・不燃ごみ破砕処理施設用アルミ選別フロー[4]

表 2.4.11　選別処理物質収支 [4]　　　　（単位：重量 [%]）

フローNo. 組成	①	②	③	④	⑤	⑥	⑦	⑧	⑨	⑩	⑪	⑫
可燃性ごみ	44	1	3	40	1	39	38	1	1	4	39	0
不燃性ごみ	25	0	20	5	0	5	5	0	0	20	5	0
鉄	30	27	1	2	2	0	0	0	0	3	0	0
アルミ缶	0.60	0	0	0.60	0	0.60	0.09	0.51	0	0	0.09	0.51
他の非鉄金属	0.40	0	0.04	0.36	0	0.36	0.11	0.25	0.02	0.04	0.13	0.23
計	100	28	24.04	47.96	3	44.96	43.20	1.76	1.02	27.04	44.22	0.74

　　　　　　　　　　　　　　　　　　　　　　　　　　　　　　　↓
　　　　　　　　　　　　　　　　　　　　　　　　　　　　　　アルミ

　計画では、処理量を 50 t/5 h としてあり、鉄分、不燃物、可燃物、アルミニウムなどに分別するものである。

4.7　資　源　化

　天然資源の少ないわが国では、都市廃棄物および産業廃棄物も資源の一つとして見直し、これらの回収・再利用は重要な課題である。なお、これは埋立て最終処分地の延命化につながるものである。
　各種の資源化プロセスは表 2.4.12 のように分類することができる。
　この中のいくつかについて説明する。

（1）　RDF（ごみ燃料）

表 2.4.12　ごみ資源化の類型 [4]

```
                    ┌─(1) 抽　出　型　回　収 ─┬─ 製品更新化
                    │      （分離、分別、精製）  └─ 原料化
       物質回収 ────┤
                    └─(2) 変　換　型　回　収
                           （化学、微生物）

                    ┌─(3) 貯留・可搬型回収 ─┬─ 精製燃料化
                    │      （気、液、固形燃料化） └─ 変換燃料化
    エネルギー回収 ──┤
                    └─(4) 連続・直接型回収
                           （湯、蒸気、発電、高次燃焼）

       用地回収 ──── (5) 安　定　地　盤　回　収
```

混合ごみの破砕、選別により、紙等の有機物を回収し、これから固体燃料——RDF（Refuse Derived Fuel）を得る研究や実用化が欧米で進められている。このRDFの形状としては、破砕したままのもの（Fluff RDF）、成型したもの（Pellet RDF）および粉末状にしたもの（Powder RDF）等があるが、イギリス、西ドイツ、米国などで数百～千t/dの実プラントが建設、運転されてきた。

これらの用途は主に石炭等の固体燃料燃焼ボイラーに代替または補助燃料とするものである。厨芥や水分の多いわが国のごみに対しては、そのままでは腐敗その他、輸送および貯蔵上の問題があるため、通常の混合ごみでは前段に乾燥工程を加えるか、または厨芥を選別、除去する必要がある。また、この燃焼炉として用いる産業用ボイラー等で大規模なものは、重油またはガス燃料を用いるものが多く、それらにRDFを用いるためには、炉底からの灰出し装置等を付加する必要がある。

(2) 熱分解技術

熱分解処理は乾留処理とも呼ばれるもので、セルローズ系やプラスチック系の有機性廃棄物を、空気を遮断し加熱して、物質を構成しているC、H等より成る分子結合をさらに小さな分子に分解していく化学反応である。熱分解温度は生成物の品質や回収率に大きく関係し、比較的低い温度（500℃程度）での油化、700℃前後またはそれ以上の温度での燃料ガス化やさらにガス化とともに灰の溶融を行うガス化溶融がある。

廃棄物の加熱方法としては直接加熱方式と間接加熱方式とがある。

なお、近年、熱分解ガス化高温溶融プロセスも開発されている。これは、ごみの熱分解によって生成した熱分解ガスとチャー（固形炭素）の熱量により、固形分を約1300℃の高温で溶融し、スラグとするもので、条件によっては外部からの熱の供給が不要である。

(3) メタン化技術

ごみの生物化学的処理法としてのメタン発酵法については、通産省工業技術院の大型プロジェクトの開発テーマに組込まれ、いわゆるスターダスト80横浜プラントにおいて、都市ごみより分別した厨芥を対象として各種の研究が行われている。この処理プロセスは、液化発酵工程（弱酸性）とガス化発酵工程

(弱アルカリ性)の二つの工程よりなり、発酵速度およびガス化率の向上を目指したものである。

このほか、ごみ埋立て地からのメタンガス回収が米国の大平洋岸地区では25年以上前から実施され、回収したガスは精製後、都市ガスに混入、利用しているものがある。わが国でも一部実験規模でメタンガス回収が行われているが、気候、風土の違いや、生ごみの埋立て地の少ないためにその実用化には十分な検討が必要である。

(4) コンポスト化処理

コンポストとは各種の有機性廃棄物中の脂肪、炭化水素、蛋白質などの有機物質に対して適度の通風、水分、温度を与えて好気性菌の活動により、有機物を分解発酵させて短期間に製造された有機肥料を称する。わが国では、都市ごみからのコンポスト化の量は少ないが、化学肥料とともに地力回復などの点から今後拡大されることが望ましい。

以下、コンポスト化処理の基本的事項を述べる。

(a) フローシート

機械的なコンポスト化装置は、通常"高速コンポスト化装置"と呼ばれるが、この構成を図2.4.31に示す。処理物によってその前処理工程が異なるが、都市ごみの場合は、一般に選別、破砕の工程を経てから発酵装置に送られる。発酵日数は形式により異なるが、一般に3〜7日程度、発酵槽内温度は60〜70℃に達し、以後、熟成を行う。

発酵工程において要求される機能は、好気性菌の活動をうながすために、通風、温度調整、切り返し、水分調整などが挙げられるが、具体的にはコンポスト化に必要な大量の空気を供給し、好気性菌の増殖と水分および温度の調整を

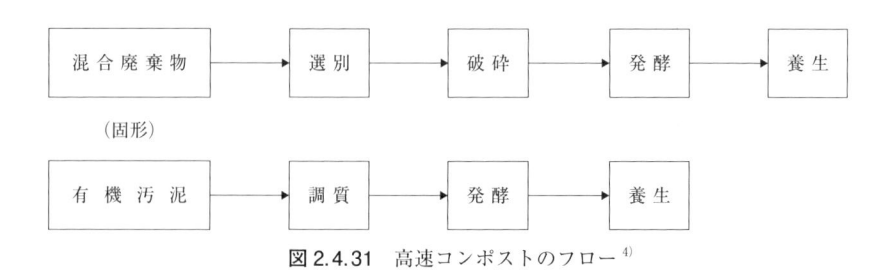

混合廃棄物 → 選別 → 破砕 → 発酵 → 養生
(固形)

有機汚泥 → 調質 → 発酵 → 養生

図 2.4.31 高速コンポストのフロー[4]

行う。切り返しは回転力、反転力などを利用し原料をほぐし、比表面積を増大し、発酵を促進させると同時に、かくはんによる原料の発酵度の調整を目的とする。養生工程は上記の比較的短期間に発酵処理されたコンポスト製品を、さらに市場の要求に合致した製品に仕上げる工程で、普通、野積方式により貯蔵し、完熟させる。

（b）　コンポスト化のための主要項目

コンポスト化を効率よく行うためには、微生物がよく増殖し、分解が行われるように下記の条件が重要である。

a．破砕、選別

ごみの中には種々雑多なものが含まれるので、堆肥化できにくいものや、堆肥化物中に残って田畑に使用するときに不適当なものは、処理工程の前または後で選別しなければならない。破砕によって、粒子を細かくすれば、空気中の酸素との接触面積が増すので好気性条件を保持しやすく、また、微生物が均等に作用し、堆肥化時間を短縮できる。堆肥化に好適な破砕度は、直径 5 cm 以下といわれている。

b．C/N 比（炭素比）を適切にする

微生物の生存、活動のためには栄養分が必要で、これにはエネルギー源としての炭素と原形質形成のための窒素が重要な栄養源である。コンポスト化においてもこの両元素が適当な割合に存在することが重要で、この比を C/N 比と呼んでいる。

コンポスティングにおける最適 C/N 比は 20～30 といわれるが、都市ごみの C/N 比は 40～80 程度である。これらを微生物が分解するためには、微生物の増殖に時間がかかり、堆肥化が遅れる。このため、この C/N 比を下げて有機物の分解時間を短縮するために、実際の施設では窒素源補充のためにし尿消化汚泥や下水消化汚泥などを添加する。

完熟したコンポストの C/N 比は 20 以下になり、この程度の C/N 比のコンポストを土壌に施用した場合、農作物に何らの影響を与えずに地力の増進に役立つ。

c．適切な水分の保持

微生物の生育には水分が不可欠である。コンポスト材料の水分を、通常 40～65％に保つことが望ましい。そのためコンポスト材料に水分の少ない場合は

散水が必要でまた多すぎると嫌気的条件となりやすく、乾燥原料、または他の添加物を加えるなどの対策が必要である。

　d．発酵温度の維持

　有機物の分解は60〜70℃の高温の条件で促進される。また発酵によって、発熱するのでこの発酵熱を有効に利用するために、保温構造が必要である。

　e．空気の供給

　微生物が好気性条件下で、有機物を分解し、生命を維持し増殖するためには酸素が必要である。酸素の供給条件としては、切り返しやエアレーション（送気）などがある。

　切り返しは、農耕作業における表土と深部の土を入れ換えたり、混合する作業を称している。

　一般に細菌類は、中性あるいは弱アルカリ性側でよく発酵する。しかし、材料によっては、酸性発酵により低pHとなり、分解が阻害されるケースがあり、これを防止するために炭酸カルシウムの添加により中性を保つ効果がみとめられた例もある。

（c）製品コンポストの肥効価値その他

　製品コンポストの肥効価値は、コンポストの原料組成によって異なるが、一例として、平均値で窒素0.68％、りん酸0.42％、カリ0.3％のデータがある。通常、農家で作られる完熟堆肥は、窒素0.5〜0.6％、りん酸0.3％、カリ0.5％程度といわれるので、これらと比べると、都市ごみコンポストはりん酸分は多く、カリ分が少ないといえる。

　なお農業系外有機物からのコンポストに関しては、有害重金属（Cd、Hg、As等）の含有率について十分な考慮が必要である。

4.8　産業廃棄物処理

（1）産業廃棄物処理の現状

　産業廃棄物は、事業活動に伴って排出される廃棄物のうち法令で産業廃棄物として定められるものであり、1992年7月に改正施行された「廃棄物の処理および清掃に関する法」により、13種類の産業廃棄物と5種類の特別管理廃棄物が定められている。法改正により新たに定められた特別管理産業廃棄物に

ついては、環境汚染や健康被害の恐れがある廃棄物として通常の産業廃棄物以上に厳しい処理基準や委託基準にもとづいて処理することが定められている。

産業廃棄物の処理責任は、発生させた事業者にあり、事業者は自ら処理設備を設置して処理するか、処理業者に委託処理しなければならないが、現在では処理費用を支払って処理業者に委託する方法が主流となっている。

処理方法は、種類や性状等で大きく異なるが、全体の半分ほどが、全国約12000カ所の中間処理施設により、油水分離、脱水、焼却など各種の方法により減容化、安定化され、残りの約半分がそのまま再利用または埋立て処分されている。

産業廃棄物の発生量は2002年に全国で年間約3億9300万tといわれ、都市ごみの5000万tに比し、一けた大きい量である。

図2.4.32に産業廃棄物処理のフローシートを、また図2.4.33に種類別排出量を示す。このうちで量の多いものには、汚泥46％、動物のふん尿23％、がれき14％、鉱さい4％等がある。これらの全量のうち、約46％はリサイクルされ、再利用されている。また、図2.4.34に業種別排出量を示す。

産業廃棄物のうち、企業の製造工程などから発生するものは、工場内の各ショップごとでは、単一の種類のものとして取り扱うことができるので、都市ごみに比しリサイクルしやすいといえよう。

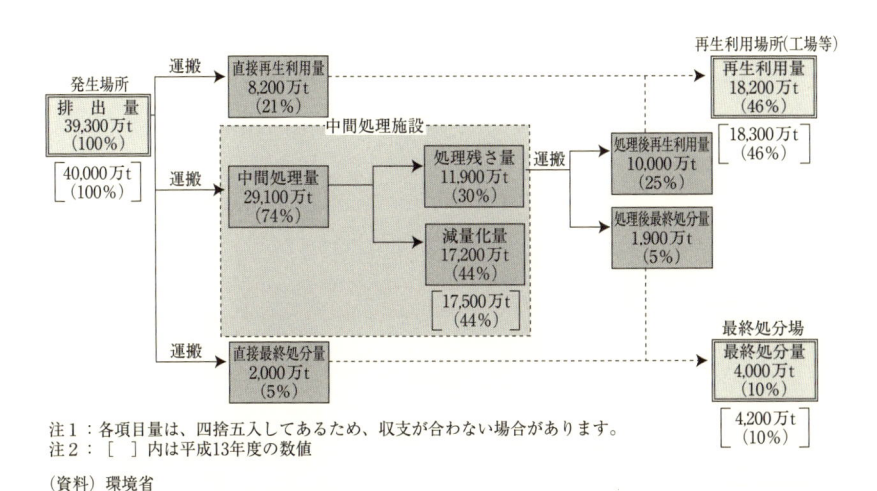

図2.4.32 全国産業廃棄物の処理のフロー（平成14年度）

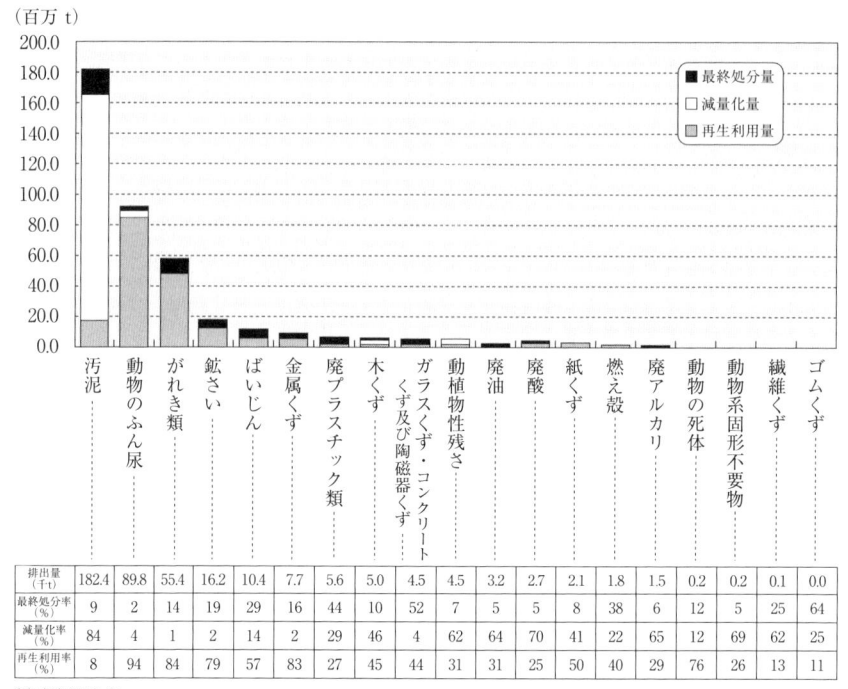

排出量 (千t)	汚泥	動物のふん尿	がれき類	鉱さい	ばいじん	金属くず	廃プラスチック類	木くず	ガラスくず・コンクリートくず及び陶磁器くず	動植物性残さ	廃油	廃酸	紙くず	燃え殻	廃アルカリ	動物の死体	動物系固形不要物	繊維くず	ゴムくず
	182.4	89.8	55.4	16.2	10.4	7.7	5.6	5.0	4.5	4.5	3.2	2.7	2.1	1.8	1.5	0.2	0.2	0.1	0.0
最終処分率(%)	9	2	14	19	29	16	44	10	52	7	5	5	8	38	6	12	5	25	64
減量化率(%)	84	4	1	2	14	2	29	46	4	62	64	70	41	22	65	12	69	62	25
再生利用率(%)	8	94	84	79	57	83	27	45	44	31	31	25	50	40	29	76	26	13	11

(資料)環境省

図2.4.33 産業廃棄物の種類別再生利用量、減量化量、最終処分量（平成14年度）

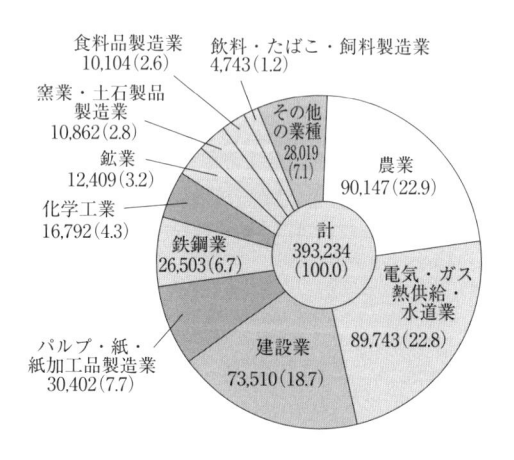

食料品製造業 10,104(2.6)
飲料・たばこ・飼料製造業 4,743(1.2)
窯業・土石製品製造業 10,862(2.8)
その他の業種 28,019(7.1)
鉱業 12,409(3.2)
化学工業 16,792(4.3)
鉄鋼業 26,503(6.7)
計 393,234 (100.0)
農業 90,147(22.9)
電気・ガス・熱供給・水道業 89,743(22.8)
パルプ・紙・紙加工品製造業 30,402(7.7)
建設業 73,510(18.7)

(資料)環境省　　　単位：千t/年、( )内は%

図2.4.34 産業廃棄物の業種別排出量（平成14年度）

（2）処理技術の動向

　産業廃棄物の処理方法は極めて多岐にわたるが、その中心となる方法は、経費の安い埋立て処分である。

　しかし、最近、日本国内において埋立て処分場の新設が困難となり、埋立て処分費の高騰から、減容効果の大きい焼却設備や破砕選別設備が埋立て処分の前段の中間処理設備として導入されるケースが増えてきている。

　焼却設備を導入する場合には、産業廃棄物の物理的性状、発熱量、燃焼特性等その内容が極めて幅広いことから、焼却対象物に応じた最適な炉形式を選定することが円滑な処理を実現するために大変重要である。

　また産業廃棄物の場合、製品の製造工程の変更により、廃棄物の組成の変更や排出量の変更もありうるので、それらの将来予測も含めて処理プロセスの検討が必要である。

　各炉形式ともに廃棄物焼却炉としてすでに長い実績を有しているが、今後は、全般に排ガス対策等の二次公害防止技術の高度化と、熱回収設備の設置による焼却廃熱の回収さらに回収熱利用発電の実現であり、低公害エネルギー回収型の大規模産業廃棄物焼却設備が増加の方向にある。一方、前述の埋立て処分コストの急騰から、中小の産業廃棄物排出事業者にも産業廃棄物の自家処理化の機運が高まっており、各種の小型高性能な焼却設備が市場に提供されるようになってきている。

　従来、廃棄物はそれが発生した段階から処理・処分の方法を考えてきたが中には極めて処理しにくいものや、処理費のかさむものがあり、処理処分のコスト低減や環境保全上から、工場の製造段階において、製品の設計上、代替材質の検討、工作法の変更等が行われるようになりつつある（製品設計アセスメントの実施）。

演習問題

（1）　都市ごみ処理の目的は、なにか。
（2）　都市ごみの処理システムにおける各段階での減量化の方法について述べよ。

第3部　環境問題の現状と対策技術・その2
—自動車の環境問題とその対策技術—

　わが国における自動車保有台数の推移を図3.0.1に示す。2003年度における自動車保有台数は7739万台であり、その値は人口に迫る勢いである。第1部第1章1.1に人口の増加が環境問題のトリガーになることを示したが、人口と同一オーダーの台数まで普及した自動車も環境問題のトリガーになっている。

　図3.0.2に示すように、自動車は生産、使用、廃棄されるあいだにさまざまな形の環境問題を引き起こしている。すなわち、自動車の走行中の排ガスに含まれるCO_2は代表的な温室効果ガスであり、NO_x、HCやPMすなわち粒子状物質は都市における代表的大気汚染物質である。走行中の騒音、道路整備に伴う居住環境の悪化や森林の消失も見逃せない。さらに、自動車使用中の部品

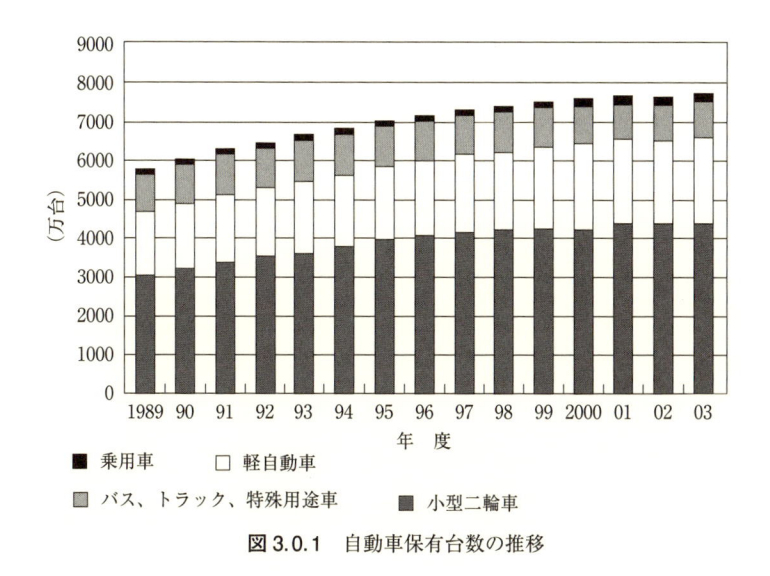

図 3.0.1　自動車保有台数の推移

図 3.0.2　自動車と環境

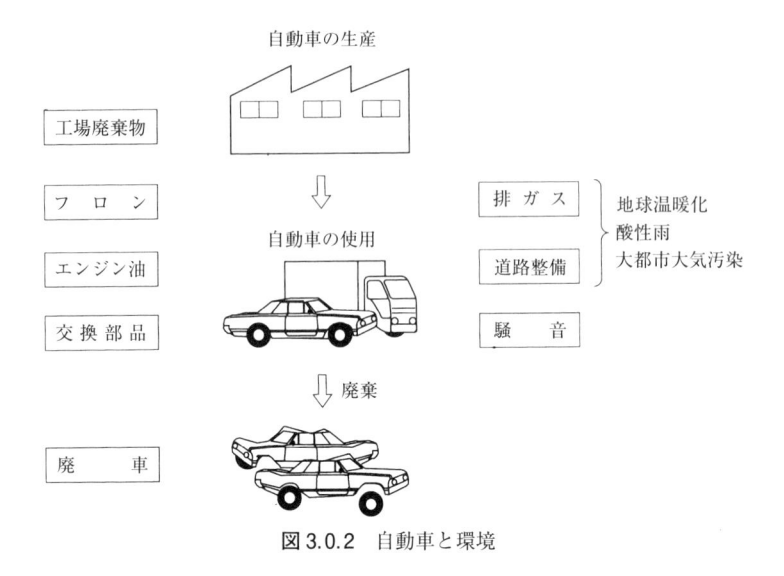

交換やエンジン油の交換、最終的に行われる廃車に伴う環境問題もある。以下に、これらについて議論する。

第1章

自動車排ガスと都市環境

1.1 都市で問題となる大気汚染物質

　自動車から排出される大気汚染物質に対する認識と対策は日本、米国、ヨーロッパで少しずつ異なっている。したがって、第1部第7章に述べたように各国の規制にもそれぞれ違いがある。重点の置き方に違いはあっても、問題となる物質は窒素酸化物（NO_x）、炭化水素（HC）、一酸化炭素（CO）、粒子状物質（PM）である。おもな排出源となる自動車は、ガソリン車とディーゼル車であり、それらについて述べる。

1.2 ガソリン車から排出される大気汚染物質

　ガソリン車の走行は、ガソリンを燃料とする火花点火機関（Spark Ignition Engine）すなわちガソリンエンジンの駆動によって可能となる。ガソリンエンジンの排気管から出てくるガス中に大気汚染物質が含まれている。図3.1.1は、後で述べる三元触媒などの排ガス処理を行わない場合のガソリンエンジンの排ガス中の成分を示している。いずれの成分も空燃比（エンジンに供給する空気とガソリンとの質量流量比）A/Fに大きく依存する。有害性が問題になる NO_x、HC、COの生成メカニズムは、以下のようにまとめられる。

（1） NO_x

　図3.1.2に示すようにガソリンエンジンにおける窒素酸化物は、燃焼ガス中の窒素と酸素が反応して生成し、膨張行程で凍結されて排出されるものであ

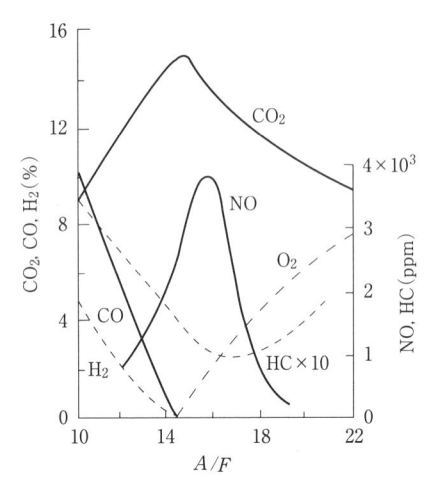

図 3.1.1　ガソリンエンジンの排ガス成分

る。エンジンから排出される段階では 95％以上が NO であるので、ここでは NO の生成機構について論ずる。ガソリンエンジンの燃焼室内で起こる NO 生成に関与する重要な素反応はツェルドビッチ（Zeldovich）機構として知られている。すなわち、

$N_2 + O = NO + N$
$N + O_2 = NO + O$
$N + OH = NO + H$

である。これらの反応速度定数を実験的に定め、C－O－H 系は化学平衡状態であるとし、さらに N 原子の濃度は変化しないなどとすると、エンジンから排出される NO が計算できる。計算値は、実験値とよく一致することが知られている。

(2) HC

未燃焼炭化水素（HC）は、エンジンシリンダー内で燃焼しなかった燃料が原因である。燃料成分の一部は、そのまま排出されるが、分解されて異なる炭化水素成分として排出されるものもある。図 3.1.2 に発生メカニズムが示されている。まず、火炎が燃焼室全体に伝播しなかった場合、燃え残ったエンド

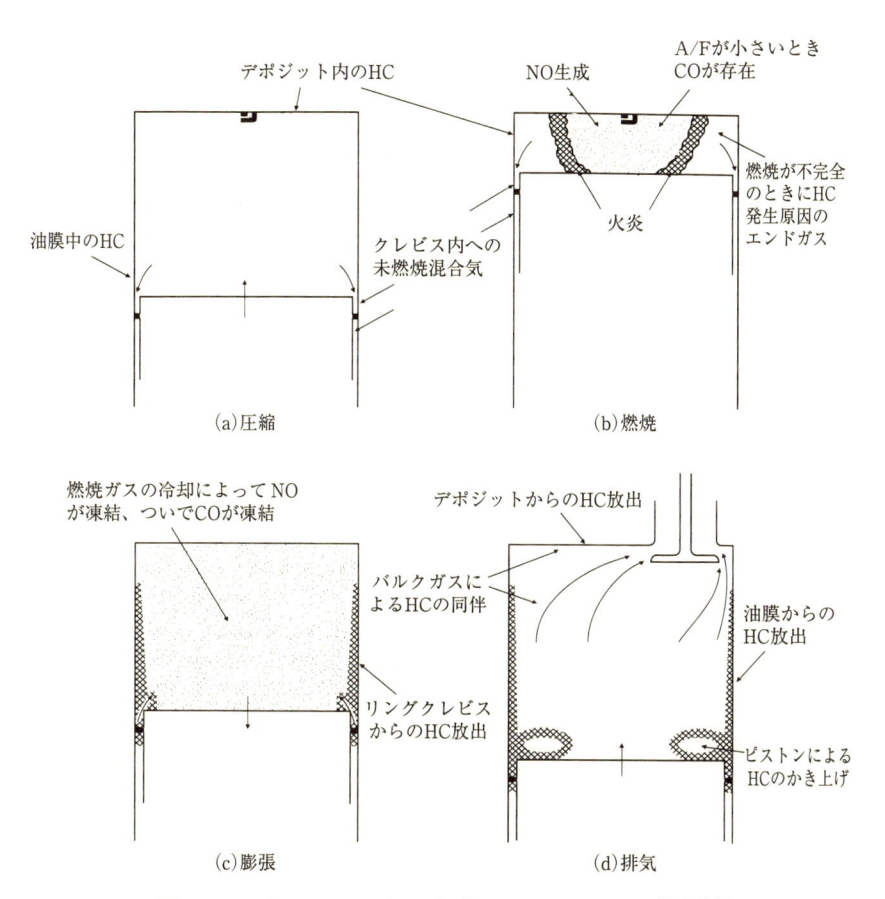

第1章　自動車排ガスと都市環境　　　　　　　　　　167

図3.1.2 ガソリンエンジンにおけるNO、HC、COの排出機構

ガス中の燃料成分がHCの原因となることが考えられる。空燃比を大きくする（希薄混合気でエンジンを運転する）とこのような現象が見られる場合がある。HCの発生原因はこれだけではなく、圧縮行程中にシリンダー壁面の潤滑油膜や燃焼室に生じた堆積物に溶解や吸着した燃料が燃焼過程を回避し排気行程で放出されたり、圧縮行程や燃焼過程でシリンダーとピストンおよびトップリングで囲まれた空間（リングクレビス）に閉じこめられた混合気が膨張行程・排気行程で排出される機構が重要であることがわかっている[2]。これ以外に、高負荷、高過給運転時のバルブオーバーラップ期間に、吸気側から排気側に燃料が直接流出することもある。

さらに、これらの原因で生成したHCはシリンダー内や排気管中でかなり酸化される。したがって、実際のHC排出量の予測をするには、この酸化過程も厳密に解明する必要がある。

HCの排出量も、図3.1.1に示すようにA/Fに支配される。NO_xの排出量の少ないA/Fの領域でHCの排出量が多いことがわかる。この事実は、初期の自動車排ガス対策を困難に陥れた。HCは炭化水素の総量を問題にしているが、炭化水素は成分によって人体に与える影響が異なったり、光化学反応を起こす程度が異なるので、きめ細かく見ていく必要がある。このようなことから、人体への直接的な有毒性がなく、光化学スモッグへの寄与が少ないメタンを除いたHCの規制すなわちNMHC（Non Methane Hydrocarbons）に基づく規制も実施されている。

（3）CO

COは、図3.1.2に示すように燃料過剰の状態で燃焼中の燃焼ガス内に発生し、NOのように反応凍結せず、周囲条件の変化に伴って反応しつつ排出される。エンジン排気中のCO濃度の予測は、化学平衡計算で行えることがわかっている。このとき、排気中の温度と圧力は時々刻々変化するので、どのように平衡温度と平衡圧力を決定するかが問題である。図3.1.3[3]に示すように、膨張行程の終わりの状態で平衡濃度を計算すると実験値によく一致することがわかっている。図3.1.3からA/Fが約15（理論空燃比）よりも小さくなる。すなわち燃料が過剰になると排出されるCO濃度の値は大きくなることがわかる。

1.3　ガソリン車の排ガス規制とその対策技術

わが国におけるガソリン車の排ガス規制は1978年度から本格的に始まり、その内容は次第に厳しくなっている。規制値の最新情報は、環境省のホームページから得られるので、それを参照されたい。ここでは、一例として、表3.1.1に乗用車の場合を示す。注目点は、1）ガソリン車とLPG車は同じ規制である、2）自動車の走行状態によって排ガスの成分・量が異なるので、試験モードを定めている、3）同一車両（型式）でも排ガス特性に多少の違いがあるので上限値と平均値で規制している、4）規制値は排ガス中の濃度ではなく

第1章　自動車排ガスと都市環境

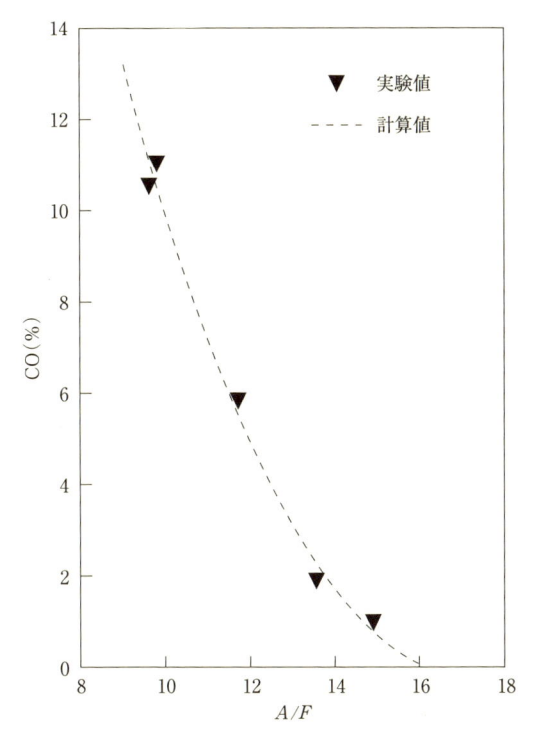

図 3.1.3　CO 濃度の実験値と予測値

表 3.1.1　わが国の排出ガス規制の例
（平成 17 年度実施のガソリン・LPG 車、乗用車の場合、試験モードは 10.15M と 11M との複合）

規制成分	CO	NMHC（非メタン炭化水素）	NOx	備考
規制値	1.92(1.15) g/km	0.08(0.05) g/km	0.08(0.05) g/km	一台あたりの上限値、（　）内は形式の平均値

1 km 走行するときの質量である。

例題 3.1　自動車の排ガス規制に用いられる排出量 x（g/km）と排ガスの測定濃度 y（ppm）との換算法を述べよ。

〔解答〕

$$x = y \times \frac{\text{排ガス体積 (m}^3\text{)}}{\text{走行距離 (km)}} \times \text{密度 (g/m}^3\text{)}$$

密度と排ガスの体積は 0.101 MPa、293 K における値とする。問題としている排ガス成分の密度は分子量から計算できる。HC の場合は化学組成が $C_1H_{1.85}$ とし、NO_x については、大気に放出された最終状態の NO_2 として計算することがある。

　排ガス規制の実施に伴って、これに対応する技術が開発されている。排ガス浄化技術は、燃焼室や吸排気系を中心としたエンジン本体の技術とエンジンから排出される有害ガスを排気系に取り付けた触媒装置で無害化する後処理技術が複合されたものである。図 3.1.4 に最近のガソリンエンジンの排ガス浄化システムの例を示す。中核技術は、三元触媒と空燃比の精密な制御から成り立っている。三元触媒の活性成分は、白金 (Pt) – ロジウム (Rh) – パラジウム (Pd) または白金 (Pt) – ロジウム (Rh) 系の混合物が用いられている。三元触媒は、一つの触媒で、HC、CO を CO_2 と H_2O へ酸化すると同時に、

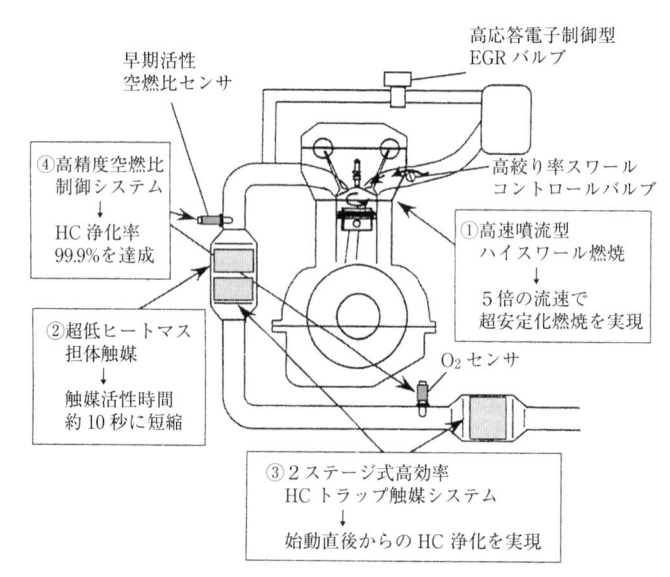

図 3.1.4　ガソリンエンジンの排ガス浄化システムの例

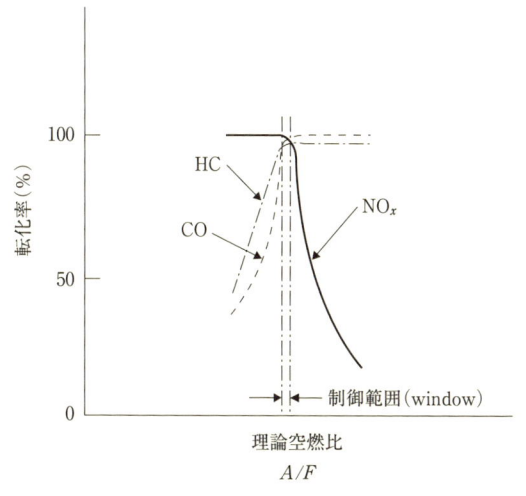

図3.1.5 三元触媒の特性

NO_x を N_2 へ還元するものである。その特性すなわち転換率は、図3.1.5に示すように理論空燃比付近の狭い範囲で高くなっている。この範囲（windowと呼ぶ）に、空燃比を制限するため酸素センサや空燃比センサの検出値などを使って、燃料の供給量を精密に制御する「電子制御燃料噴射システム」があわせて必要となるわけである。

図3.1.4の例では、温度が低くて触媒が作用しない低温始動時における高濃度の排ガスを抑制するため「触媒担体の薄壁化」と「高セル密度化」および「HC吸着触媒」が採用されている。また、窒素酸化物の抑制に効果のある「排ガス再循環（EGR=Exhaust Gas Recirculation）」も採用している。

1.4 ディーゼル車から排出される大気汚染物質とその対策

ディーゼル車の走行は、軽油を燃料とする圧縮点火機関（Compression Ignition Engine）すなわちディーゼルエンジンの駆動によって可能となる。ディーゼルエンジンの排気管から出てくるガス中に大気汚染物質が含まれている。問題となる物質とその発生機構は次のようにまとめられる。

（1） NOx

窒素酸化物は、高温で空気中の窒素と酸素が結合するわけであるが、ディーゼルエンジンでは空気過剰の状態で窒素分子が解離したNが関与するツェルドビッチNOのほかに、燃料噴霧近傍の濃い混合気中で発生するプロンプト（Prompt）NOも生成する。プロンプトNOは、燃料中のCHの存在により窒素分子が分解される。生成反応は

$$N_2 + CH = HCN + N$$
$$N + O_2 = NO + O$$
$$N + OH = NO + H$$

と考えられている。

（2） 粒子状物質 （Particulate Matter、PMと呼ぶ）

PMは黒煙（すす）のほかに、未燃焼の燃料や潤滑油、燃料中の硫黄が燃焼過程を経て生ずるサルフェートで構成されている。構成成分を有機溶剤に溶けるかどうかで分類することも行われている。溶ける成分を、SOF（Soluble Organic Fraction）と呼んでいる。それぞれの関係は次のようである。

黒煙は空気不足の状態で、燃料分子が熱分解で脱水素反応を起こし微粒子の核を生成する。この核が集合・合体したものが黒煙である。サルフェートは燃料中の硫黄が酸化し結合して硫黄ミストとなっているものが多い。SOFは、液体状の燃料または潤滑油である。PMを採取するとこれらが混合した物質となっている。PMの成分を知ることは、その低減策を立てる意味で重要である。

（3） HC

全体の混合気が希薄でシリンダー内のガス温度が低いときや噴霧が低温の燃焼室壁面に触れたとき起こる消炎現象による未燃焼成分が原因の一つである。また、2次噴射やノズル先端サック部の後だれ現象による未燃焼成分も原因として考えられる。

（4） CO

シリンダー内で燃焼中に局所的に酸素が不足しているときに発生するが、ディーゼルエンジンは空気過剰で運転されているので排出レベルは低い。

1.5 ディーゼル車の排ガス規制とその対策技術

わが国の大都市部においては NO_2 や SPM が大気の環境基準を完全にはクリアーしていない（沿道付近の測定箇所である「自動車排出ガス測定局」において、2003年度の環境基準達成率は NO_2 について85.7%、SPMについて77.2%であった）。この原因のひとつに、ディーゼル車の排ガスがある。2005年10月から表3.1.2に示す新長期規制が実施される。今後さらに厳しい「ポスト新長期規制」も検討されている。これに併用するかたちで、排ガス特性

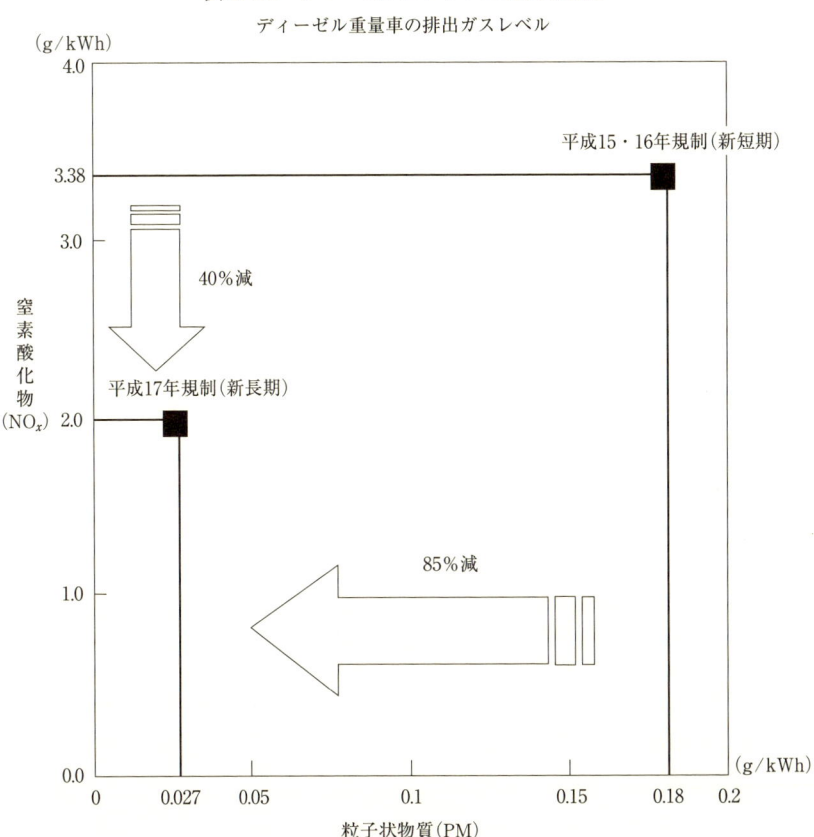

表3.1.2　ディーゼルエンジンの新長期規制

ディーゼル重量車の排出ガスレベル

(縦軸: 窒素酸化物 NO_x (g/kWh)、横軸: 粒子状物質(PM) (g/kWh))

- 平成15・16年規制(新短期): (0.18, 3.38)
- 平成17年規制(新長期): (0.027, 2.0)
- 40%減
- 85%減

表 3.1.3 ディーゼル排ガスの浄化技術

- NOx 低減
  - 燃焼改善
    - 燃焼温度低下
      - 噴射時期遅延 / 熱発生率制御
        - ・噴射時期遅延
        - ・初期噴射率低下
        - ・パイロット噴射
      - 吸気冷却 — ・インタークーラー
      - 不活性物質添加
        - ・排気再循環(EGR)
        - ・水噴射
    - 酵素濃度低下
    - 燃焼温度低下
      - 不活性物質添加 — ・排気再循環(EGR)
      - 予混合燃焼抑制 — ・高セタン価燃料
      - 不活性物質添加 — ・水エマルジョン燃料
  - 燃料性状
  - 排気後処理
    - 化学的処理 / 電気化学的処理
      - 触媒
        - ・還元触媒
        - ・プラズマ処理

- PM 低減
  - 燃焼改善
    - 生成抑制/酸化促進
      - 充てん効率向上
        - ・過給
        - ・吸気系改良
        - ・多弁化
      - 混合促進
        - ・高圧噴射
        - ・スワール御制
        - ・高乱流燃焼室
        - ・小噴孔ノズル
  - 燃料性状
    - スート低減
      - 燃料組成の変更 — ・低芳香族化
      - 蒸発・微粒化促進 — ・軽質化(粘度、蒸留特性)
      - 燃料種変更 — ・含酸素燃料
    - SOF低減
      - 未燃分低減
        - ・高セタン価燃料
        - ・軽質化
  - 排気後処理 — 捕集、酸化/焼却
    - 燃料組成の変更 (酸化触媒)
      - ・多環芳香族削減
      - ・DPF (diesel particulate filter)

の悪い車両を保有できないようにする「自動車 NO_x・PM 法」や東京都を中心とした周辺自治体による「PM 排出量が基準以上のディーゼル車の乗り入れ禁止条例」なども実施されている。

ディーゼルエンジンの NO_x と PM を削減する技術は、表 3.1.3 に示すものが検討されている。その詳細はエンジンの専門書[2],[3]に譲るが、これら技術を組み合わせることで、極限まで排ガスの無害化を実現する「スーパークリーンディーゼル構想」[4]も提案されている。

演習問題

(1) ある自動車が 1 km 走行したところ排ガスの総体積が $3.0 m^3$ 密度が $1.2×10^3 g/m^3$ であり、排ガス中の NO 濃度が 350 ppm であった。NO の排出量 (g/km) を求めよ。　　　　　　　　　　　(答:1.26 g/km)

(2) 東京都のホームページで東京都のディーゼル車に関する規制条例を調

第 1 章　自動車排ガスと都市環境

べよ。
（3）　自動車会社のホームページなどでスーパークリーンディーゼル開発の進捗状況をしらべよ。
（4）　環境省のホームページで環境統計集をひらき NO_2 と SPM の環境基準達成率の推移をしらべよ。

第2章

自動車から排出される CO_2 と地球温暖化

地球温暖化の原因となる温室効果ガスには、CO_2、メタン、フロン、N_2O がある。とくに CO_2 は、他のガスに比べて高濃度のため温暖化への寄与がおおきく、また化石燃料消費量の増加の動向をみると将来の気象変動に不安を感じる。そこで、国際的取り決めによって温暖化の防止のため CO_2 の排出抑制が実行されようとしている（第1部3章参照）。

わが国における CO_2 の排出量のほぼ20％は運輸部門が占め、そのうち80％が自動車であるとされている。ここでは、自動車から排出される CO_2 の削減法について述べる。

2.1 自動車の燃費と CO_2 の削減

自動車の燃費は燃料1L（リッタ）あたりの走行距離 X(km/L) で表される。X の値は、走り方すなわち走行モードによって違ってくる。わが国の交通事情では図3.2.1に示す10.15モードが標準的な走り方として採用されている。

ところで、内燃機関搭載の自動車は、ガソリンや軽油などの燃料である炭化水素（化学式 C_mH_n）を燃焼（酸化）させ熱を発生し、その熱を動力に変換させて、走行している。充分な酸素が与えられ 1 mol（$=12m+n$(g)）の燃料が完全燃焼すると、次式の関係から

$$C_mH_n + (m+n/2)O_2 \rightarrow mCO_2 + (n/2)H_2O$$

m mol（$=44m$(g)）の CO_2 が発生する。

燃料の密度を ρ (kg/m^3=g/L) とすると X(km) の走行に1Lすなわち ρ (g) の燃料を消費し、排出される CO_2 量は $\rho \dfrac{44m}{12m+n}$ で与えられる。したがって、1 km の走行によって自動車から排出される CO_2 の質量 Z(g/km) は

(km/h) のグラフ

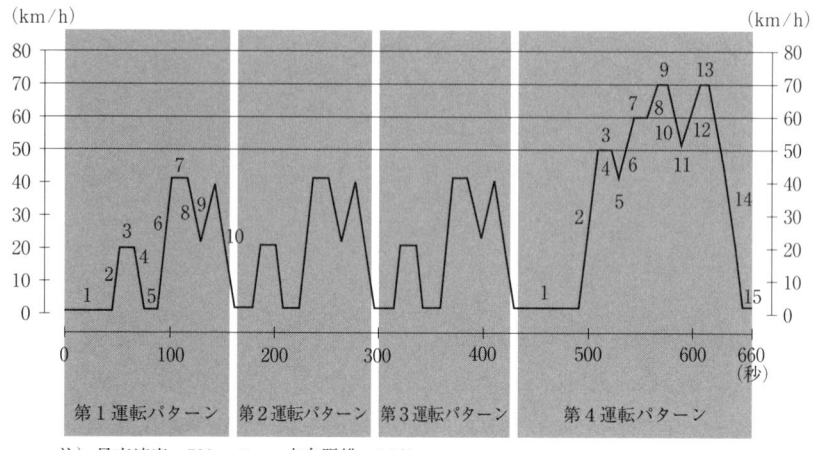

注）最高速度　70km/h　　走行距離　4.16km
　　平均速度　22.7km/h　　走行時間　660秒

図 3.2.1　燃費測定モード（10・15モード）

$$Z = \frac{44m}{12m+n} \times \frac{\rho}{X} \qquad (3.2.1)$$

となる。つまり、自動車の燃費と燃料の化学組成および密度によってCO_2の排出量が決定する。

例題 3.2.1　燃費が 10 km/L で走行するガソリン車が、1 km 走行したとき大気に放出された CO_2 の量を計算せよ。ただし、ガソリンの化学式は C_7H_{13}、密度は 0.75g/cm^3（$= 750 \text{g/L}$）とする。

[解答]　化学式から 1 g のガソリンの燃焼によって、308/97 = 3.18 g の CO_2 が発生する。1 km の走行でガソリンが 0.1 L すなわち 75 g がエンジンで燃焼するので、大気に放出される CO_2 は 239 g である。

2.2　燃費改善による CO_2 の削減

2.2.1　自動車の燃費改善

式（3.2.1）から明らかなように燃費Xの値が大きくなるとZは小さくなる。燃費の改善はユーザにとって燃料代の節約という意味だけでなく、地球温暖化

の防止という意味も持っている。わが国では、燃費改善を促進するため目標基準値を定めている。表3.2.1にガソリン乗用自動車の2010年度までの値を示す。車両重量区分において、それぞれの値が示されている。車両重量が大きくなると燃費が下がるので、基準値も小さくしている。

自動車にとって「燃費の改善」は開発の歴史が始まって以来の不変のテーマであり、さまざまな技術が開発されてきた。現在採用されている燃費向上技術には、以下のようなものがある。

（1）ガソリンリーンバーンエンジン

完全燃焼させるに必要な燃料と空気の割合は理論的に決まっている。熱力学的考察によると[2]、燃料の割合を理論値よりも少なく（＝リーンに）すると、熱効率が上がることが知られている。この原理を使ったガソリンエンジン。

（2）ガソリン直噴エンジン

燃焼室内に直接燃料を噴射し、燃料と空気の割合を局所的に変化させることでリーンバーンエンジンよりもさらに燃料の割合の少ないところで運転し、熱効率を高めたエンジン。

（3）可変バルブタイミング

吸気バルブと排気バルブのタイミングとリフト量を自由に変化させ、運転条件に応じてそれらを最適化する。

（4）CVT

ベルトやローラにより無段階（連続的）にトルクを伝達し、エンジンの最良燃費領域を有効に利用する。

（5）ハイブリッド車

エンジンとモータなど複数の動力源で車輪を回転させる自動車。回生ブレー

表3.2.1　自動車の燃費基準

【ガソリン乗用自動車】　　　　　　　　　　　　　　　　目標年度：2010年度

区　分 (車両質量kg)	～702	703 ～827	828 ～1015	1016 ～1265	1266 ～1515	1516 ～1765	1766 ～2015	2016 ～2265	2266～
燃費基準値(km/L)	21.2	18.8	17.9	16.0	13.0	10.5	8.9	7.8	6.4

【ディーゼル乗用自動車】　　　　　　　　　　　　　　　目標年度：2005年度

区　分 (車両質量kg)	～1015	1016 ～1265	1266 ～1515	1516 ～1765	1766 ～2015	2016 ～2265	2266～
燃費基準値(km/L)	18.9	16.2	13.2	11.9	10.8	9.8	8.7

キによる省エネルギー効果もある。
（6） コモンレール式燃料噴射装置
ディーゼルエンジンにおいて、高圧燃料を蓄えたレール（容器）から各インジェクタに燃料を送る。噴射量やタイミングが最適に制御できる。

2.2.2 走行方法による燃費改善

公表されている自動車の燃費は、実際の走行では実現できないことが多い。これは、定められた走行モード（図3.2.1）と実際の走行との間に差があるためである。これは、同じ道を走行しても、道路の混み具合や運転者によって燃費が異なることから理解できる。なお一般に、下記のような運転者の心がけで燃費が改善する。

① 不要なアイドリングをやめる
② 暖機運転は必要以上行なわない
③ 急発進・加速は行なわない
④ 車間距離は余裕をもたせる
⑤ エンジンブレーキを充分活用する
⑥ カーエアコンの設定温度を適切にする
⑦ タイヤ空気圧は指定の値を下回らないようにする
⑧ 不要な荷物を降ろす

このなかで、アイドリングについてすこし説明をしておく。アイドリング（Idling）とは、「怠けている」という意味である。ここでは、「車両が停止しているときにエンジンを回転させておく状態」をいい、このとき、供給した燃料は走行に使われないので無駄になるということで、そのように呼ばれる。この無駄を省くのが、停車中にエンジンを止める「アイドリングストップ」である。アイドリングストップ運動は、わが国で徐々に広がりつつある。また、信号待ちでのアイドリングストップにもその効果がみとめられることも走行実験であきらかになっている。ただし、短時間停車のアイドリングストップは、始動時に多くの燃料を必要としたり有害排ガスが多くなったりするので注意が必要である。クランキング時にバッテリーの電気エネルギーを消費する。このため、図3.2.2に示すように、燃費削減に効果のあるアイドリングストップだけを行えるように運転者を支援する信号機も開発されている[5]。

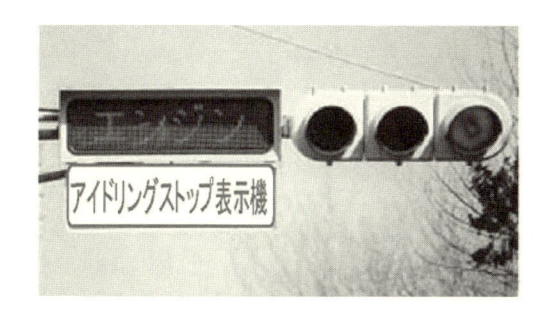

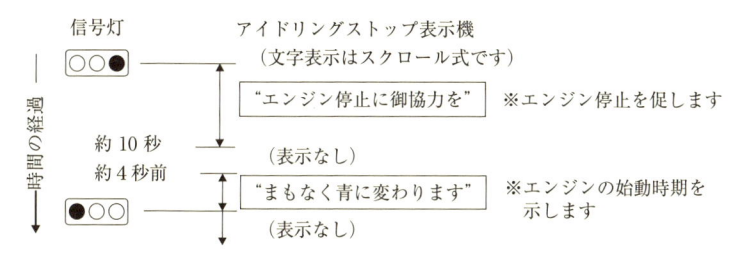

第 2 章　自動車から排出される CO_2 と地球温暖化

図 3.2.2　アイドリングストップを支援する信号機

2.2.3　道路による自動車の燃費改善
（1）　道路に関係した走行抵抗（路面抵抗と勾配抵抗）を少なくする
（2）　道路整備・拡張による交通流の円滑化
（3）　ITS（Intelligent Transport Systems）の導入による交通流の円滑化
　などがある。

　ITS とは、運転者と道路および車両を情報でネットワークすることで、交通事故、渋滞といった道路交通問題を解決するものである。たとえば、図 3.2.3 に示している「自動料金収受システム ETC（Electric Toll Collection）」は有料道路にかなり普及（2005 年 8 月に 800 万台が利用登録）して、渋滞の解消により燃費改善に効果をもたらしている。また、最新の道路交通情報をすばやくカーナビに提供する VICS（Vehicle Information and Communication System）は、急速に普及し、渋滞の解消に貢献している。

2.2.4　走行量の削減
　次のように利便さの犠牲を最小限にして走行量を削減する方法が提示されて

図3.2.3 ETC

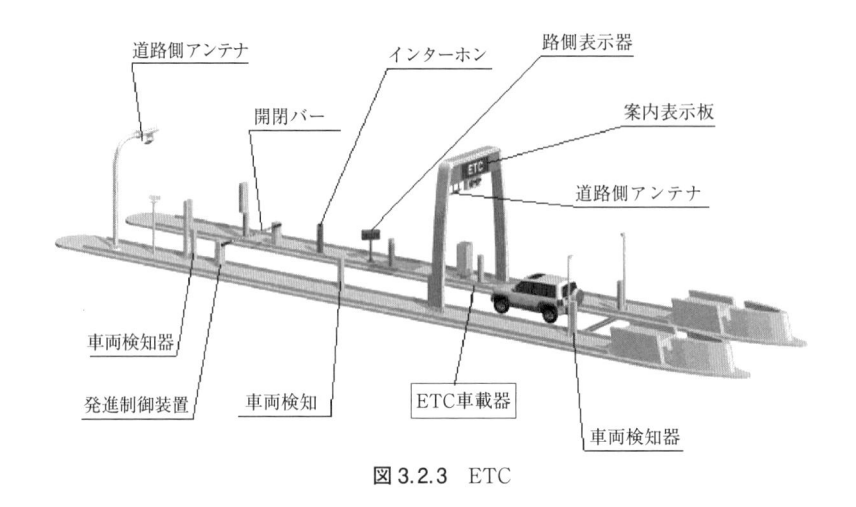

いる。
（1） 駅に近接した駐車場まで自動車で来てそこから電車などの公共交通機関に乗り換えて、走行量を減少させる「パークアンドライド（Park and Ride）」
（2） 1台の車を複数の人が共有して、必要なときに利用する「カーシェアリング（Car Sharing）」
（3） 自動車の利用者に地域の特徴に応じた新たなルール作りを提示する「TDM（Transportation Demand Management）」

これらの効果は実証・実験段階にある。

2.3　燃料によるCO_2の削減

2.3.1　燃料組成

式（3.2.1）から明らかなようにmの値が小さければCO_2の排出量は少なくなる。例題3.2.2に示すように、$m=1$のメタンが主成分である天然ガスを燃料にする自動車はCO_2の排出量が少ない。さらに$m=0$ならば、CO_2の排出量はゼロである。$m=0$は、燃料が水素であることにほかならない。水素を燃料とするエンジンや燃料電池を動力源にすれば、走行中の自動車からCO_2は出ない。しかし、現実は水素をどうやって作るかを考えなくてはならない。図

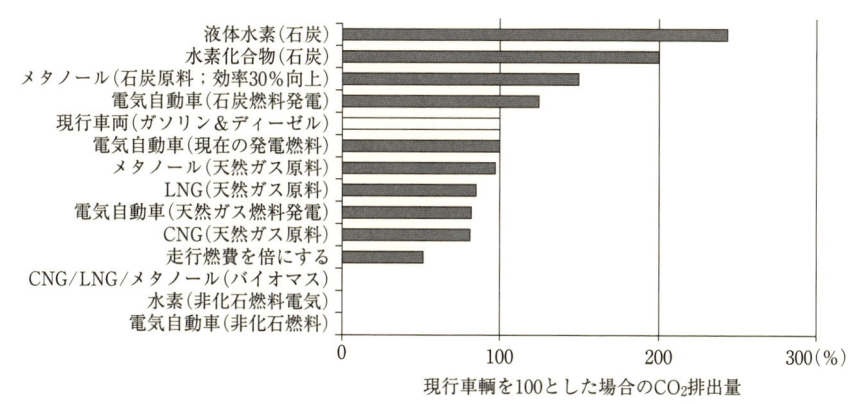

第2章　自動車から排出されるCO₂と地球温暖化

```
液体水素(石炭)                         ████████████████████████
水素化合物(石炭)                       ████████████████████
メタノール(石炭原料；効率30%向上)      ███████████████
電気自動車(石炭燃料発電)               █████████████
現行車両(ガソリン＆ディーゼル)         ██████████
電気自動車(現在の発電燃料)             █████████
メタノール(天然ガス原料)               █████████
LNG(天然ガス原料)                      ████████
電気自動車(天然ガス燃料発電)           ████████
CNG(天然ガス原料)                      ███████
走行燃費を倍にする                     █████
CNG/LNG/メタノール(バイオマス)
水素(非化石燃料電気)
電気自動車(非化石燃料)
                    0    100   200   300(%)
              現行車輛を100とした場合のCO₂排出量
```

図 3.2.4 搭載燃料と CO₂ 排出量 （　）内は燃料の原料すなわち一次エネルギー

3.2.4 に示すように、石炭を使って製造した液体水素で自動車を動かすと現行車両の 250％ の CO_2 を排出することになる。化石燃料ではなく、太陽電池や風力発電などの再生可能なエネルギーで製造した水素を使えば CO_2 排出はゼロになる。このように、CO_2 の問題はエネルギー源（石油系でいえば原油の採掘井戸）から自動車の走行における運動エネルギーまで間の発生量を考慮しなければならない。この考え方を WtW（Well to Wheel）と呼んでいる。

2.3.2 バイオ燃料

菜種油などの植物油やサトウキビや廃木材などから製造するエタノール（C_2H_5OH）などがバイオ燃料として注目されている。エタノールをエンジンで燃焼させれば、CO_2 を生ずるが、植物の成長時に光合成で CO_2 を吸収しているので、WtW の考え方から、実質排出量はゼロとなる。

例題 3.2.2　以下の文章の（　）内に入る適切な言葉または数値を記入せよ。

自動車から排出される二酸化炭素は（1）物質として、その排出抑制が求められている。最近注目されている天然ガス車は、ガソリン車に比べ二酸化炭素の排出が少ないとされている。この根拠を次のような計算例で確認してみよう。天然ガスの主成分は（2）であり、その化学式は CH_4 である。ガソリンは、さまざまな種類の炭化水素の混合物であるが、その平均組成は C_7H_{17} とする。

化学式 C_mH_n で表される炭化水素が化学量論状態で燃焼した場合、

$$C_mH_n + (m+n/4) \times (O_2 + 3.77N_2) \rightarrow mCO_2 + (n/2)H_2O + 3.77(m+n/4)N_2$$

が成り立つ。原子量は、H＝1、C＝12、N＝14、O＝16 であるので、（2）1gを天然ガス車で燃焼させると発生する CO_2 量は（3）gであり、ガソリン1gをガソリン車で燃焼させたとき発生する CO_2 量は（4）gである。

自動車の燃費は、走行の仕方や路面の状態などいろいろな因子に影響されるが、いま、天然ガス車とガソリン車において供給燃料の低発熱量当たりの走行可能距離が同じであり、その値は 0.320 km/MJ であるとする。天然ガスの低発熱量は 50.0 MJ/kg、ガソリンの低発熱量は 44.0 MJ/kg であるので、1km の走行で消費される燃料量は、天然ガス車で（5）gであり、ガソリン車で（6）gである。このことから、1km の走行によって排出される CO_2 の質量は、天然ガス車で（7）g、ガソリン車で（8）gとなる。

[解答]　1．温室効果、2．メタン、3．2.75、4．3.05、5．62.5、6．71.0、7．172、8．217

2.4　CO_2 の吸収

自動車の排ガスに含まれる CO_2 をゼオライトで吸着したり、モノエタノールアミンなどの溶液で吸収し、走行中に回収することも考えられる。図 3.2.5

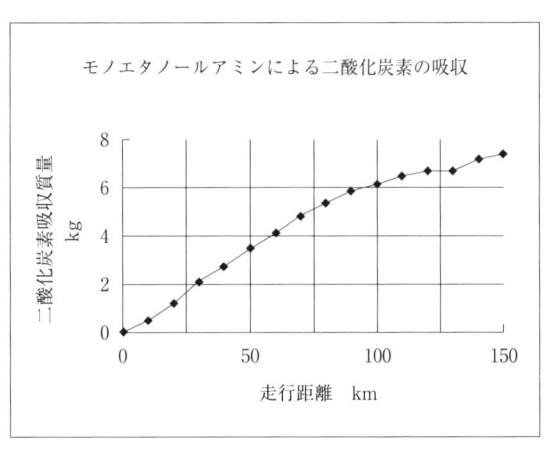

図 3.2.5　モノエタノールアミンによる自動車排出ガス中の CO_2 吸収

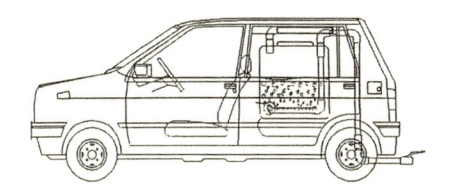

第2章 自動車から排出されるCO₂と地球温暖化　　　185

図 3.2.6 低 CO_2 排出車両

は、実験車両に濃度 4 mol/L のモノエタノールアミン水溶液を 100 L 搭載し、排ガスと接触させたときの CO_2 の吸収質量である[6]。吸収能力は十分であるが、乗車人数 2 人分のスペースを必要とする（図 3.2.6）。

演習問題

（1）あるガソリン車が廃車されるまで 10 万 km 走行した。この間の平均の燃費が 8 km/L であった。大気に放出した CO_2 の全量を求めよ。（ガソリンの組成を C_7H_{17} とし、密度を 750 g/L とする。式（3.2.1）から Z=286 g/km, したがって 2.86×10^4 kg）

（2）ディーゼル車の利点として、CO_2 排出量が少ないことを挙げる場合がある。この根拠を説明せよ。

（3）メタノール自動車の CO_2 排出量をガソリン車の場合と比較せよ。

（4）自動車は、その製造過程でも CO_2 を排出している。この理由について述べよ。

（5）電気自動車を走行させることで CO_2 による地球温暖化防止に効果がある。日本と米国では発電に使われる一次エネルギーが異なるので、電気自動車の導入による CO_2 抑制効果に違いがあるはずである。どのような違いがあるか説明せよ。

第3章

自動車が関連するさまざまな環境問題

3.1 自動車のリサイクル

　限られた資源を有効に使うため、リサイクルによって循環型社会を目指すことの重要性はすでに述べた。図3.3.1に示すように使用済み自動車のリサイクル率は75-80%であり、残りの20-25%は解体・粉砕後に残るゴミすなわち「シュレッダーダスト（Automobile Shredder Residue）」である[7]。シュレッダーダストは埋め立て処分されるが処分場の余裕がなくなってきた。そこで、リサイクル率の向上が強く求められている。2005年1月1日に、自動車リサイクル法が施行され、シュレッダーダストの減量が確実に実現できるように法整備がなされた。さらに、この法律では、大気に放出されるとオゾン層の破壊につながるエアコンの冷媒である「フロン」の回収や迂闊な処理をすると爆発の危険のある「エアーバッグ」の安全処分も義務付けた。費用負担はユーザーで処理の責任は自動車メーカが持つことになっている。

　以上は国内の事情であるが、欧州EU加盟国ではシュレッダーダストの中に残存する、鉛、6価クロム、水銀、カドミウムの重金属4物質を問題としており、2003年7月1日から原則使用禁止に向かって規制が始まっている。この動きは、全世界の自動車メーカに影響を与えている。図3.3.2に示すように、この4物質はさまざまな自動車部品に使用されており、それぞれの部品に応じた代替材料の開発が急務となるであろう[8]。

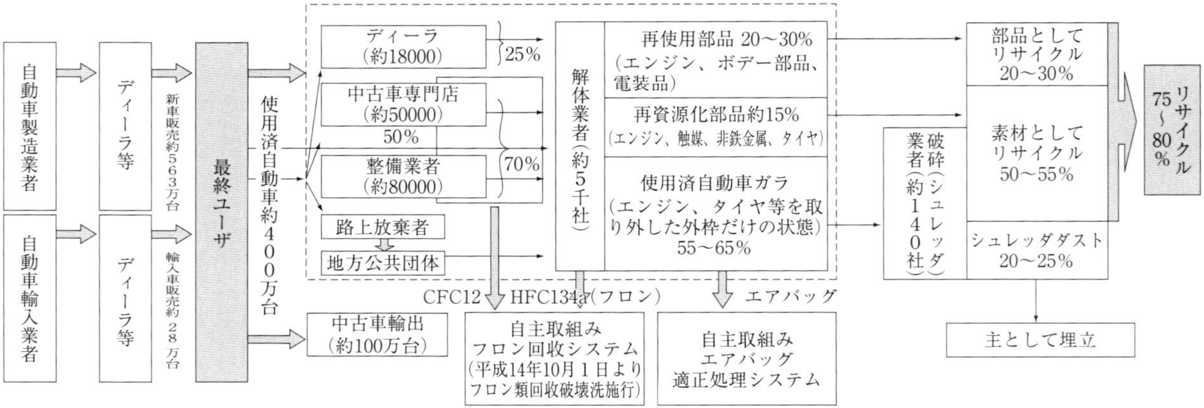

188　第3部　環境問題の現状と対策技術・その2

図3.3.1　わが国の使用済み自動車のリサイクル率

(注1) ディーラ、中古車専門店、整備業者はそれぞれ兼業している場合がある。
(注2) わが国における現在の自動車保有台数は、7000万台程度。

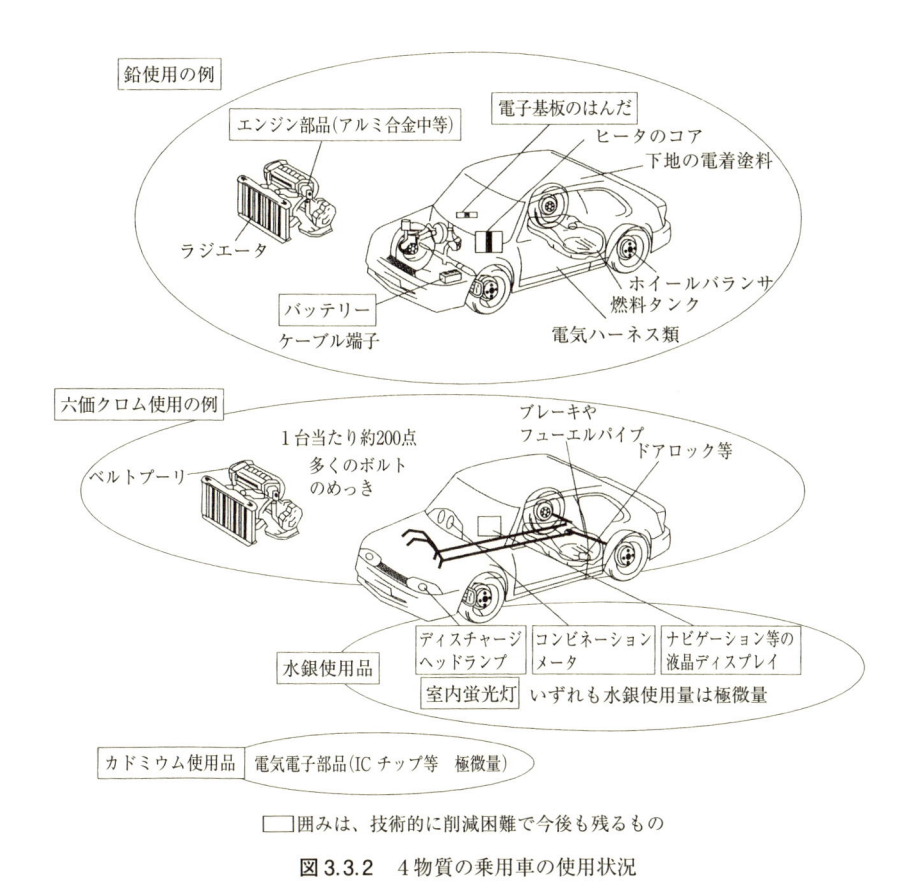

第3章　自動車が関連するさまざまな環境問題　　189

鉛使用の例
エンジン部品（アルミ合金中等）
電子基板のはんだ
ヒータのコア
下地の電着塗料
ラジエータ
ホイールバランサ
燃料タンク
バッテリー
ケーブル端子
電気ハーネス類

六価クロム使用の例
1台当たり約200点 多くのボルトのめっき
ブレーキやフューエルパイプ
ドアロック等
ベルトプーリ

水銀使用品
ディスチャージヘッドランプ
コンビネーションメータ
ナビゲーション等の液晶ディスプレイ
室内蛍光灯　いずれも水銀使用量は極微量

カドミウム使用品　電気電子部品（ICチップ等　極微量）

□囲みは、技術的に削減困難で今後も残るもの

図3.3.2　4物質の乗用車の使用状況

3.2 廃潤滑油のリサイクルと最終処分

　自動車からの廃棄物の中で環境に少なからず影響を与えているものに使用済みの廃潤滑油がある。図3.3.3に、廃潤滑油の再資源化のフローを示す[9]。平成15年度において、自動車のエンジン油を含む廃潤滑油のうち再資源化が行われている量は、112.3万トンであり、最終処分量は20万トンである。理想をいえば、使用済潤滑油は「無害処理」や「リサイクル」すればよいのではなく「可能な限り有効に使う」ことが必要であろう。このためには、エンジン油の交換距離を長くする「長寿命化技術」の進展が望まれる。

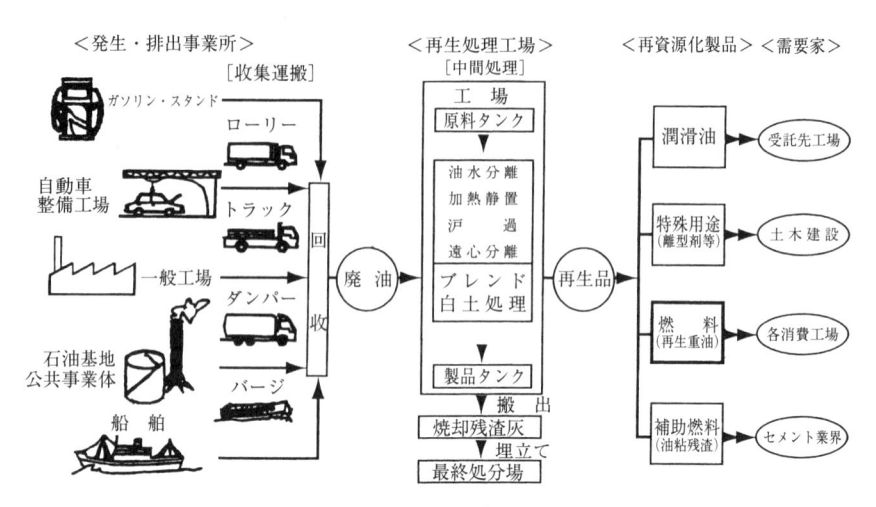

図 3.3.3　廃油の再資源化フロー

3.3　酸性雨

純水を大気中に存在する CO_2 の濃度に接触させ平衡状態にすると、水中に炭酸イオンと重炭酸イオンが存在し pH は 5.6 になる。したがって、pH 5.6 未満の雨を酸性雨と呼ぶ。実際の降雨を分析すると、さまざまなイオン（陽イオン：水素イオン、アンモニウム、カルシウム、陰イオン：硫酸イオン、硝酸イオン、塩素イオンなど）が含まれている。このように雨にはいろいろな物質が溶けているが、おもに pH を下げているのは硫酸と硝酸である。硫酸や硝酸は、大気に放出された SO_2 や NO_x がさまざまな過程で酸化されて生じたものである。

ガソリンには、元来ほとんど硫黄が含まれてないので、ガソリン車は NO_x から生じる硝酸だけが問題となっている。これに対して、軽油中の硫黄分は酸性雨の原因になりうる量が含まれていた。しかし、市販の軽油の硫黄含有量（質量比）は 1976 年から 12000 ppm、1992 年から 5000 ppm、1997 年から 500 ppm と次第に下がり、2003 年 4 月からは 50 ppm 以下のレベルすなわちガソリンと同じ程度まで到達した。したがって、これからはディーゼル車からの硫酸による酸性雨は重要でなくなり、主として排気中の NO_x による硝酸が酸性雨に関連してくる。これを裏付けるものとして、交通量が多い大都市圏の降

雨中の硝酸イオン濃度が高いことが指摘されている。

つまり自動車が原因の酸性雨を抑制するには、排気中のNO_xを低減させることが大切である。ガソリン車では三元触媒技術の成功でNO_xの排出はあまり問題のないレベルに達している。現在のディーゼル車からのNO_xの低減技術は、クールドEGRが中心であるが、尿素SCRなどの試みも実用段階に入ったが、更なる新技術が期待されている。

3.4 自動車の騒音

自動車の環境への影響で無視できないものに騒音がある。わが国では、自動車の走行状況に応じて加速騒音、定常走行騒音、近接排気騒音の三つの規制値が表3.3.1のように定められている。表3.3.1の騒音数値の単位はdBで音圧レベル（Sound Pressure Level）を示してある。音圧レベルSPLは若い健康な人の最少可聴音圧$P_0 = 2 \times 10^{-5}$Paを基準音圧レベルとし

$$SPL = 20 \cdot \log_{10}(P/P_0) \text{ dB}$$

と定義される。実際の騒音計では、人間の耳の感度にあわせて周波数に対して重みを加えている。

車外騒音の原因には、以下のようなものがある。
（a） エンジン騒音：エンジンシリンダ内の燃焼による衝撃やピストンの往復運動などによる振動がエンジンの外壁を励振させることによって発生。
（b） 排気系騒音：排気系出口における排気吐出音と排気管壁面の振動によって発生する表面放射面がある。
（c） 冷却系騒音：冷却ファンの騒音。
（d） 吸気系騒音：吸気弁の開閉によって発生する脈動音と流入空気の乱れによる騒音。
（e） タイヤ騒音：トレッド溝内部の空気が接地するたびに圧縮放出作用を繰り返す「エアーポンピング」やサイドウォールの振動および接地摩擦により発生。
（f） 駆動系騒音：クラッチ、トランスミッション、プロペラシャフト、デファレンルギアーなどの部位で発生。ベアリングの回転音、歯車の嚙み合い音、ケース壁面の表面放射音などがある。

表 3.3.1 自動車騒音規制

[単位：デシベル(dB)]

自動車の種別			規制開発日 (全て1日付け)		許容限度 設定目標値		
			新型車	継続生産車	加速	定常	近接
大型車	車両総重量が3.5トンを超え、原動機の最高出力150キロワットを超えるもの	全輪駆動車、トラクタ及びクレーン車	13年10月	15年9月	82	83	99
		トラック	13年10月	15年9月	81	82	99
		バス	10年10月	11年9月	81	82	99
中型車	車両総重量が3.5トンを超え、原動機の最高出力150キロワット以下のもの	全輪駆動車	13年10月	14年9月	81	80	98
		全輪駆動以外のもの トラック	13年10月	14年9月	80	79	98
		全輪駆動以外のもの バス	12年10月	13年9月	80	79	98
小型車	車両総重量が3.5トン以下のもの	車両総重量1.7トンを超えるもの	12年10月	14年9月	76	74	97
		車両総重量1.7トン以下のもの	11年10月	12年9月	76	74	97
乗用車	専ら乗用の用に供する乗車定員10人以下のもの	乗車定員7人以上	11年10月	13年9月	76	72	/100 96
		乗車定員6人以下	10年10月	11年9月	76	72	/100 96
二輪自動車 側車付を含む	小型二輪自動車(総排気量0.25lを超えるもの)		13年10月	15年9月	73		94
	軽二輪自動車(総排気量0.125lを超え0.25l以下のもの)		10年10月	11年9月	73	71	94

　これらの騒音源の寄与率は車種や走行条件で異なるが、大型トラックの加速走行時の一例を図3.3.4に示す。また、図3.3.5にタイヤ騒音の寄与率を示す。定速走行時にはタイヤ騒音の寄与率が大きく、しかも高速になると80%近くはタイヤ騒音であることがわかる。したがって、この方面の研究も盛んである。たとえば、図3.3.6のように、タイヤのリブパターンを改良すると騒音レベルを下げることができる。この場合、タイヤの性能（ウェット制動性能、ハイドロプレーニング性能など）を悪化させるので注意が必要である。タイヤ騒音を減らす道路の改良も研究されている。図3.3.7は最大径13mm程度の砕石を高粘度特殊バインダで固め、20%以上の空隙率を確保したポーラスアルファルトの構造を示している。空隙が騒音を吸収するので、80km/hの走行で8.1dBも

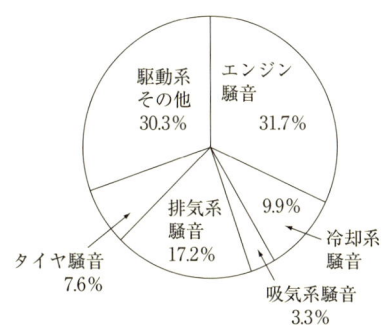

第3章 自動車が関連するさまざまな環境問題　　193

図 3.3.4 加速騒音の寄与率（大型トラック）

図 3.3.5 タイヤ騒音の寄与率

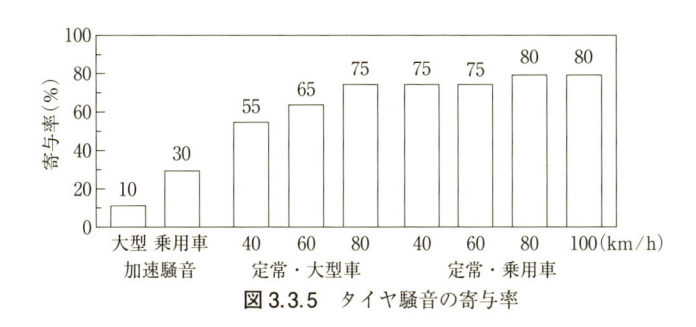

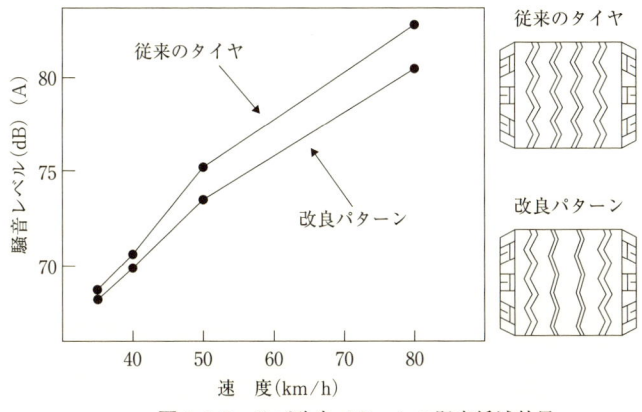

図 3.3.6 リブ改良パターンの騒音低減効果

ポーラスアスファルト　　　　　　一般のアスファルト

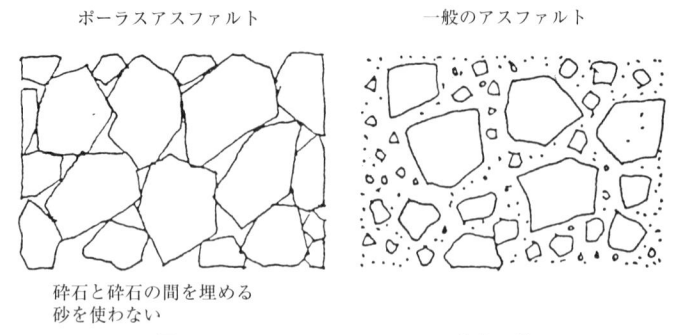

砕石と砕石の間を埋める
砂を使わない

図 3.3.7　ポーラスアスファルト舗装の構造

の減音効果があるとされている[10]。

　自動車の騒音防止には、遮音壁設置、植樹帯確保などの道路構造対策や交通量・走行車種や速度のコントロールといった交通流対策、沿道整備や住宅防音対策などの沿道対策なども効果がある。

演 習 問 題

（1）　同じ最大出力を持つ電気自動車とディーゼル車が、車速 100 km/h で走行する場合の騒音の特性はどのようになるかを比較して説明せよ。

第4章

環境と調和する近未来の自動車

　環境問題はきわめて現実的で差し迫った問題であるので、近未来の自動車が空想のものでは意味がない。したがって、ここでは技術的に完成度が高く、一定程度市場に受け入れられているものについて議論する。2005年度のグリーン税制（自動車税、自動車取得税を軽減）の対象になっている低公害車である「電気自動車」、「天然ガス自動車」、「メタノール車」、「ハイブリッド車」の保有台数の経過を図3.4.1に示す。ハイブリッド車は、2003年度末で、132,516台が保有されている。これに対し、メタノール車はピーク時の336台から62

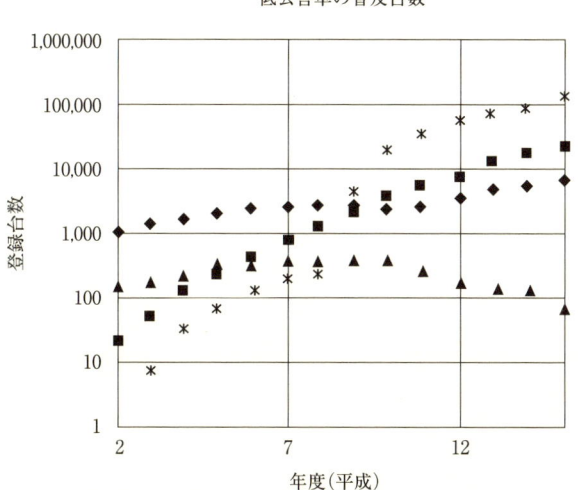

図 3.4.1　近未来自動車の普及状況

台と落ち込んでいる。このような現実がなぜ起きているのかも含めて議論する。また、「燃料電池車」と「バイオ燃料車」についても触れる。

4.1　電気自動車

図3.4.2は電気自動車の構成を示している。充電器によって二次電池に貯えられた電気エネルギーで車両駆動用のモータを回転させる。アクセルペタルとブレーキの信号がコントローラに伝えられモータのトルクと回転数が制御される。電気自動車の利点をまとめると以下のようになる。

1）　走行中に排ガスがでない

走行中に排ガスが出ないことは、環境保全の面からは優れた特徴になる。もちろん電気は別の場所にある発電所でつくるわけだが、定置式で大型のプラントなら排ガス浄化は効果的に行える。さらにCO_2排出量の少ない原子力や自然エネルギーなども使うことができる。図3.4.3は、米国のEPRI（Electric Power Research Institute）による、普及が期待される自動車の排ガス比較である。発電による排ガスの影響を入れても電気自動車の優位性に揺るぎはない[11]。慢性的大気汚染の改善を目指す、米国カリフォルニア州でZEV（Zero Emission Vehicle）{排ガス出さない車で実質的に電気自動車と燃料電池車}の投入が2005年から始まろうとしている。

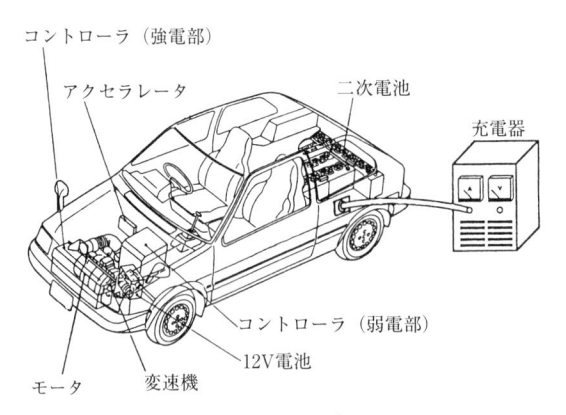

図3.4.2　電気自動車の構成

第4章　環境と調和する近未来の自動車　　　　　　　　　　　　　197

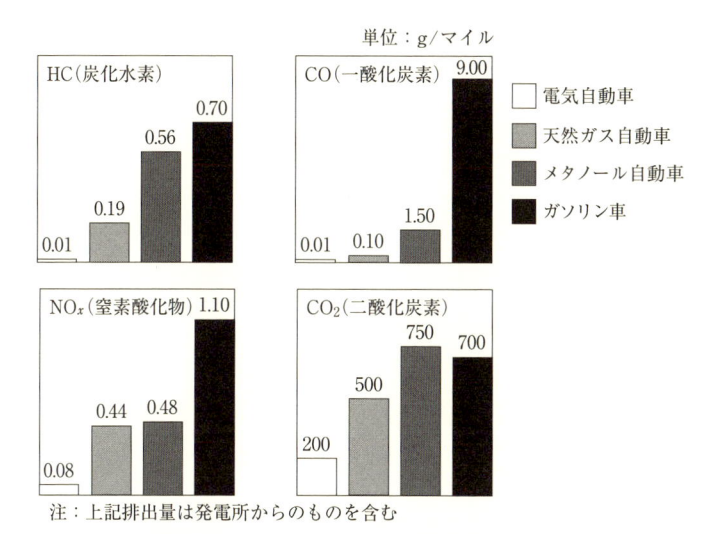

単位：g/マイル

HC（炭化水素）
- 電気自動車: 0.01
- 天然ガス自動車: 0.19
- メタノール自動車: 0.56
- ガソリン車: 0.70

CO（一酸化炭素）
- 電気自動車: 0.01
- 天然ガス自動車: 0.10
- メタノール自動車: 1.50
- ガソリン車: 9.00

NO_x（窒素酸化物）
- 電気自動車: 0.08
- 天然ガス自動車: 0.44
- メタノール自動車: 0.48
- ガソリン車: 1.10

CO_2（二酸化炭素）
- 電気自動車: 200
- 天然ガス自動車: 500
- メタノール自動車: 750
- ガソリン車: 700

注：上記排出量は発電所からのものを含む

図3.4.3　普及が期待される自動車の排ガス比較

2）　エネルギーの有効利用ができる。

　一次エネルギーとして原油を使って、ガソリン車を運転した場合と電気自動車を運転した場合でどちらが有利であろうか。図3.4.4はその比較である。10モードの走行を行った場合、ガソリン車では原油の12.8％が自動車の走行エネルギーに変換される。これに対して電気自動車は18.1％である。これは、電気自動車ではアイドリング時のエネルギー消費がなく、制動エネルギーもモータを発電機として作動させることで回生しているなどのためである。

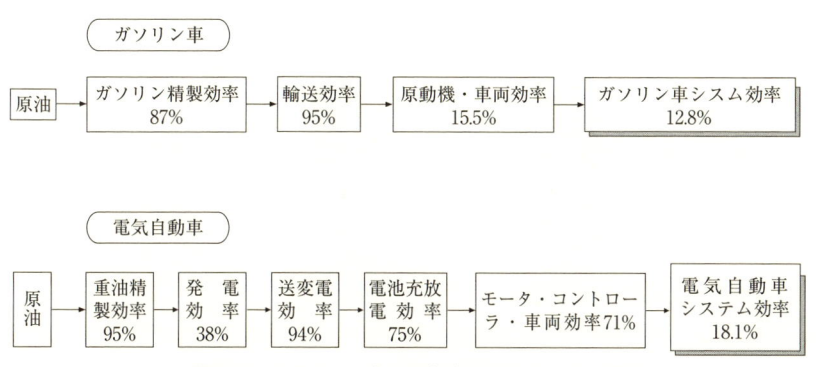

ガソリン車
原油 → ガソリン精製効率 87％ → 輸送効率 95％ → 原動機・車両効率 15.5％ → ガソリン車システム効率 12.8％

電気自動車
原油 → 重油精製効率 95％ → 発電効率 38％ → 送変電効率 94％ → 電池充放電効率 75％ → モータ・コントローラ・車両効率 71％ → 電気自動車システム効率 18.1％

図3.4.4　ガソリン車と電気自動車のシステム効率

また、電気自動車の充電に余剰の深夜電力を使うこともできるので、現有の発電設備をより有効に使うことができる。さらに、一次エネルギーの多様化で、エネルギー安全保障の役割も果たせる。

3) 振動・騒音が少ない

電気自動車のモータは単純な回転運動をするので、内燃機関搭載車に比べて本質的に振動・騒音が少ない。これらの、特徴を生かし早朝の新聞配達などに電気自動車を使用することも検討されている。新聞配達用電気バイクは、ガソリンバイクに比べて7−8dBも騒音が低いことが示されている[12]（図3.4.5）。

一方、電気自動車の欠点は以下のとおりである。

1) 一充電走行距離が短い

電気自動車が一回の満充電で走行できる距離（一充電走行距離）は、ガソリン車が燃料満タンで走行できる距離に比べてかなり短い。この理由は、電池のエネルギー密度（電池の単位質量当たりに蓄積できる電気エネルギー）が小さいからである。鉛酸電池のエネルギー密度は42Wh/kgであるので、電池を400kgのせたとしても、搭載エネルギーは60.5MJである。これに対して、低発熱量43.7MJ/kgのガソリンを燃料タンクに40kg（53L）入れたとすると、搭載エネルギーは1750MJである。電気自動車の搭載エネルギーはガソリン車の1/29である（電池をガソリンの10倍の質量を積んだとしても）。搭載エネルギーの走行エネルギーへの変換率が高い（図3.4.4参照）ことを考慮して

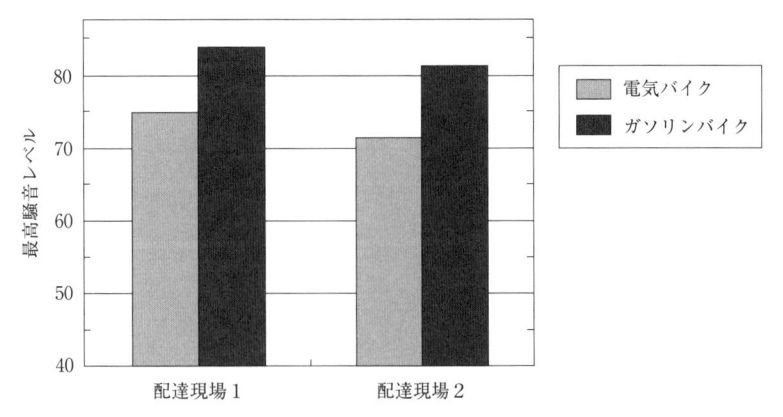

図3.4.5 新聞配達電気バイクの騒音特性

も、この場合電気自動車が走行できる距離はガソリン車の 1/7 程度である。

　一充電走行距離は、自動車の走行パターンによって大きく影響される。走行のために必要なエネルギーを求めてみる。自動車の走行を妨げる方向の作用する力（車輪に発生する駆動力と釣り合う力）すなわち走行抵抗は、次の四つに分類される。

（a）　ころがり抵抗 R_r：タイヤつき車輪が転がる時の抵抗で

$$R_r = \mu W \tag{3.4.1}$$

で表される。ここに、μ はころがり抵抗係数、W は自動車総重量（N）である。

（b）　加速抵抗 R_a：自動車を加速するとき、車体自身の加速とエンジンを含む動力伝達系の回転を加速するためのもの

$$R_a = (W + W_t) a/g \tag{3.4.2}$$

ここに、W_t は動力伝達系の回転部分慣性重量（N）、a は加速度（m/s²）、g は重力加速度（m/s²）である。

（c）　空気抵抗 R_l：自動車の走行を妨げる方向に作用する空気力で、

$$R_l = \frac{1}{2} C_D \rho A V^2 \tag{3.4.3}$$

である。ここに C_D は抗力係数、ρ は空気密度（kg/m³）、A は前面投影面積（m²）、V は車速（m/s）である。

（d）　勾配抵抗 R_i：傾斜のある道路を登る場合の抵抗であり

$$R_i = W \sin\theta \tag{3.4.4}$$

である。ここに、θ は道路の傾斜角度である。

　電池の搭載エネルギー E（J）がすべて走行に使われたとすると

$$E = \int_0^T (R_r + R_a + R_l + R_i) V dT \tag{3.4.5}$$

の関係がある。実際にはモータやコントローラの損失や放電効率があるので、左辺にそれらの総合効率（0.6 – 0.75 程度）を考慮する必要がある。T は、一充電で走行できる時間である。T が求まれば、一充電走行距離 L は

$$L = \int_0^T V dT \tag{3.4.6}$$

で計算できる。式（3.4.5）から明らかなように、T の値は、車両、道路状態によっても影響されるが、走行加速度や速度に大きく影響される。一般に低速

で、加速や減速が少ない条件で走行すると一充電走行距離は長くなる。

例題 3.4.1 ころがり抵抗係数 0.005、抗力係数 0.15、前面投影面積 $1.0\mathrm{m}^2$ で車両総質量 500 kg の小型電気自動車の電池の搭載エネルギーが 12 MJ であった。この車両が 20 m/s=72 km/h（一定）で平坦路を走行したときの一充電走行距離の最大値を求めよ。ただし、$\rho = 1.29\,\mathrm{kg/m^3}$ とする。

[解答] 題意より、$R_a = 0$、$R_i = 0$ である。電池のエネルギーがそのまま走行に必要なエネルギーになる場合を想定しているので、以下のようになる。

$$T = \frac{\mathrm{E}}{(\mu W + \frac{1}{2} C_D \rho A V^2) V} = 9.49 \times 10^3 \mathrm{s}$$

$$L = 9.49 \times 10^3 \times 20 = 190\,\mathrm{km}$$

一充電走行距離を長くするには、第 1 に走行抵抗を減らすことである。これは、ガソリン車などと共通の問題であり、これまでに多くの努力が払われてきた点でもある。走行抵抗を大幅に減らすには、乗り心地をかなり犠牲にする必要がある。第 2 には、電池のエネルギー密度を高めることである。いろいろな電池が改良・開発されている。

2) 価格が高い

多量の電池を使用すること、生産量の少ないコントローラなどを使うので価格が高い。

3) 充電に時間を要する

通常充電に 6-8 時間かかる。急速充電器も開発されている。

技術開発によって利点が欠点を補ってあまりあるようになれば、電気自動車の時代になるが、その道のりは厳しい。

4.2　天然ガス自動車

天然ガスは、メタンを主成分（83-99%）とした炭化水素系の燃料である。高圧天然ガス（20.0 MPa あるいは 24.8 MPa）を車載し、圧力調整器で減圧してエンジンに供給する。燃料供給系以外は、ガソリン車と大きな違いはない。

第4章 環境と調和する近未来の自動車

図3.4.6に示すように、ディーゼル車を基礎に開発する場合にも、エンジンの点火には、ガソリンエンジンと同じ火花点火方式が採用されている。この意味で、これをディーゼルエンジンと呼ぶかどうかはやや疑問があるが、天然ガスに転換する前がディーゼル車ならば車種や分類はそれを踏襲する。ディーゼル車はPM（黒煙）の排出削減が問題となっているので、これをPM排出量がゼロの天然ガス自動車に転換する動きがでてきた。2005年3月末で登録されている24,263台の天然ガス自動車のうち、ディーゼル車が使われているトラック、バス、塵介車などに数多く普及している。これを支える天然ガススタンドは288カ所が整備されている。以上が、わが国の状況である。2005年4月現在、世界の天然ガス自動車は410万台が存在し、南米を中心に普及している。これらの天然ガス自動車は、ガソリンよりも天然ガスの価格が安いなどの燃料事情により利用されている。したがって、これらの国々では、最新の排ガス浄化技術が取り入れられておらず、本格的な環境問題解決の手段になっていない。

図3.4.6は、三元触媒による排ガスをクリーンにした天然ガス自動車（トラック）の例である。圧縮天然ガス（Compressed Natural Gas、CNGと呼ぶ）を貯えている容器から、酸素センサ、回転数、スロットル開度、温度などの入力に応じて最適のガス量が供給されている。天然ガス燃料の2トントラックでは、NO_x：$0.40g/kWh$、$NMHC$：$0.12g/kWh$ で、ディーゼル車の新長期規制値を完全にクリアしている[13]。利用者から見た問題点としては、天然ガスを満タ

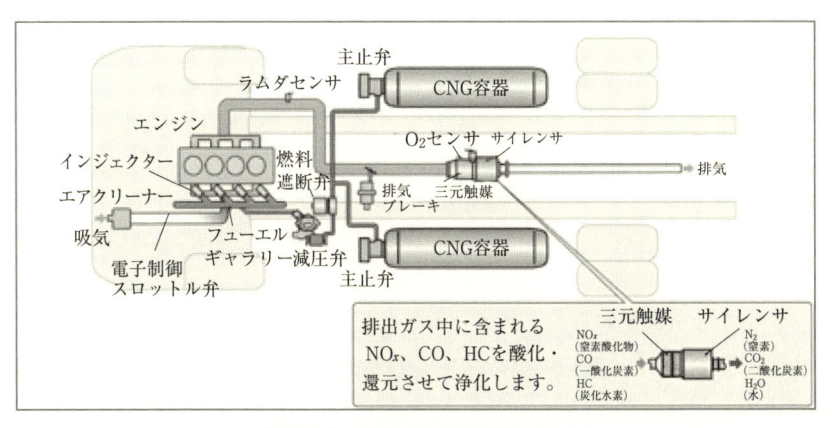

図3.4.6 天然ガス自動車(トラック)

ン（充分に充填）にしたときの走行距離は300km程度でしかないことなども あり、普及を妨げる要因になっている。

4.3 メタノール自動車

ガソリン車の燃料タンクに、メタノールを入れれば運転ができるといわれるほど容易にメタノールはガソリンの代替を果たせる。もちろん、メタノールの発熱量はガソリンの約半分の20MJ/kgであるので同じ出力を得るのにほぼ倍の量を供給する必要がある。さらにガソリンと混合して用いることも可能であり、技術情報も蓄積されている。しかし、メタノール車の導入は環境面で劇的な効果があるとはいえず、むしろアルデヒド類の排出が問題になっている。ただし、メタノールをディーゼル車に使うとPMとSO_2の排出がないので、触媒によるNO_x削減技術が採用できる。技術開発のポイントは、メタノールのセタン価が軽油に比べて小さいので、メタノールをシリンダー内に噴射しても点火しないことである。このため、たとえば図3.4.7のように、スパークプラグを作動させ点火を確実に行うことが提案されている[14]。

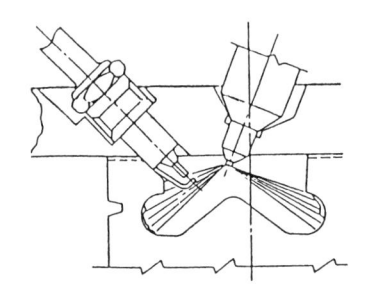

図3.4.7 スパークアシスト式メタノールエンジン

4.4 バイオ燃料車

光合成により植物を育む「太陽」がある限り、植物およびそれと食物連鎖でつながる動物が人類に「エネルギー（食物と燃料）」を供給し続けることが可能である。化石燃料は、その言葉の意味から考えると、植物や動物のエネルギーを蓄積したものであることに気がつく。つまり、化石燃料からバイオ燃料への

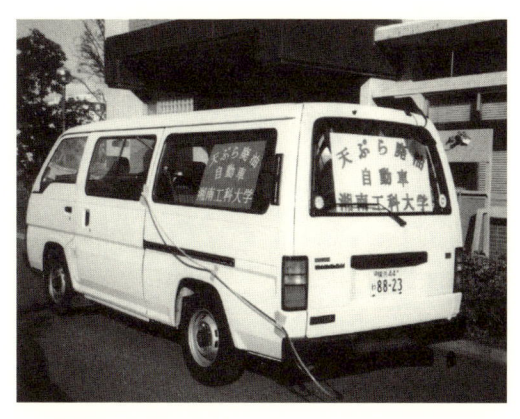

第4章　環境と調和する近未来の自動車

図 3.4.8　使用済み食用油によるディーゼル車の運転試験（湘南工科大）

シフトは、化石として蓄積したエネルギー（いわば貯金）の消費を抑え、季節の推移で再生できるエネルギー（いわば収入）を大いに利用しようというわけである。この意義については疑う余地がない。

バイオ燃料で注目されているのは、木質系エタノールとBDF（Biodiesel Fuel）である。エタノールについては、ガソリンに3％まで混入した「E3ガソリン」が実用化に向けて規格の整備が進んでいる。これに対して、BDFはその名の通りディーゼルエンジン用の燃料であり、食料油（菜種油、コーン油など）を中心に研究が進んでいる。エステル化によって粘度を軽油なみにしたり、軽油と混合して利用するなど、現用のディーゼルエンジンに適合させる試みが行われている。さらに、調理後の廃食料油をそのまま廃棄するのではなく、これをディーゼル車の燃料に利用する試みもある（図 3.4.8）。

4.5　ハイブリッド車

エンジン駆動力とモータ駆動力の両方を使って走行するハイブリッド車（Hybrid vehicle）の量産と普及に貢献したのは、図 3.4.9 に示す「プリウス（1997年）」である[15]。ガソリンエンジンとモータおよび発電機を、遊星歯車を使った動力分配機構で結合し、エンジン出力とモータ出力の配分を適正に制御するものである。走行条件によっては、エンジンを停止しモータのみでの走

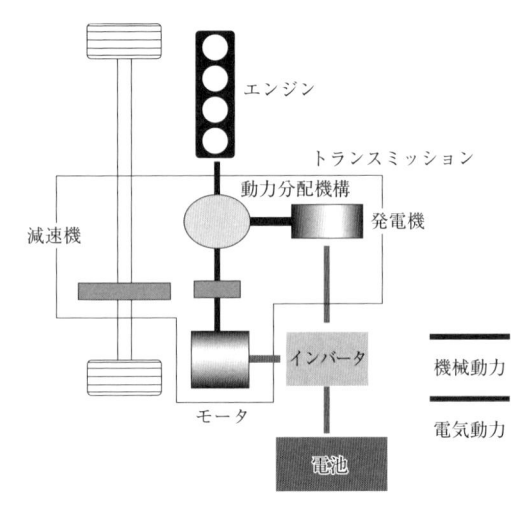

図3.4.9　ハイブリッド車のシステム構成の例

行も行っている。燃料はガソリンであり、特別の燃料供給システムは不要である。排ガスは SULEV を収得しており、燃費は現在 10.15 モードで 31 km/L である。この成功をきっかけに参入企業が現れ、ガソリンエンジンを基礎にしたハイブリッド車は、確たる地位を持ちつつある。ディーゼルエンジンを基礎にしたハイブリッド車も徐々に注目されている。

4.6　燃料電池車

　燃料電池車（Fuel Cell Vehicle）は、水素と空気中の酸素の化学反応により電気エネルギーを発生させ、これを用いてモータを駆動し走行する自動車の総称である。図3.4.10 に示すように、電気自動車の二次電池を燃料電池に置き換えたものと見なせる[15]。
　燃料電池車への期待は、反応生成物（排ガス）がクリーンであることのほかに、燃料電池の理論熱効率が83％と極めて高いので、走行燃費がよいであろうと予想するのも理由のひとつである。現在開発されている主な燃料電池車を用いた実験によると、10.15 モード燃費（ガソリン換算）の最高は 31.0 km/L であることがわかった[16]。この値は、ガソリン車を上回るが、ハイブリッ

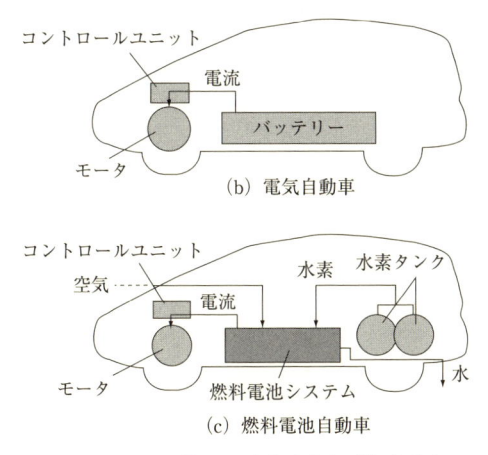

第4章　環境と調和する近未来の自動車　　　205

(b) 電気自動車

(c) 燃料電池自動車

図 3.4.10　燃料電池自動車と電気自動車

ド車とほぼ同じレベルである。また、電気自動車の燃費（たとえば、トヨタ RAV4L EV では $7.86\,\mathrm{km/kWh} = 71.8\,\mathrm{km/L}$）と比べると、燃料電池車の燃費は半分にも達していない。水素を「電気」分解で製造することを想定すると、燃料電池車の真のライバルは電気自動車であることから、燃料電池車にはさらなる研究開発が求められる。

演習問題

(1) ころがり抵抗係数 0.005、抗力係数 0.15、前面投影面積 $1\,\mathrm{m}^2$ で車両総質量 500 kg の小型電気自動車の電池の搭載エネルギーが 12 MJ であった。この車両が 10 m/s（一定）で平坦路を走行したときの一充電走行距離を求めよ。ただし、$\rho = 1.29\,\mathrm{kg/m}^3$ とする。　　　（答：350 km）
(2) 電気自動車の二次電池はガソリン車の燃料タンクと対応して議論することが多い。しかし、電池にはエンジンの燃焼過程に対応する作動も行っていることを確認せよ。
(3) インターネットで二次電池を検索しどのような種類があるかを調べよ。
(4) 天然ガス自動車に搭載されている容積 $1\,\mathrm{m}^3$ の CNG タンクの圧力が

20 MPa、温度が 300 K である、この容器内の天然ガスの質量を求めよ（ここでは、天然ガスをメタンとし、理想気体の状態方程式を用いて計算せよ）。天然ガスの低発熱量が 49.8 MJ/kg であることから、搭載エネルギーを求めよ。　　　　　　　　　　　　　　　　　（答：6.4×10^3 MJ）
（5）　E3（エタノール 3 ％混入ガソリン）の環境への効果について考察せよ。
（6）　近未来を 10 年と考えて、その時代の自動車はどのようになっているかを考察せよ。

参考文献

第1部

1) 環境省編「環境白書」平成7～17年版.
2) 環境省編「循環型社会白書」平成16年版、17年版.
3) 環境省編「環境統計集」平成14～17年版.
4) 国連人口基金「世界人口白書2005」.
5) 外務省ODA資料、2005.
6) 環境省資料、2005.
7) 国土交通省資料、2005.
8) 世界気象機構WMO 2002データ.
9) 気象庁オゾン層情報センターデータ2005.
10) IPCC 2001 第3次評価報告書.
11) 米国Central Analytical Laboratory, 2001 データ.
12) OECD, Environmental Data Compendium 2002.
13) 気象庁データ2005.
14) 中国国家統計局「中国統計年鑑」.
15) 東京都環境保全局編「東京都水環境保全計画」、平成10年、(1998).
16) 東京都環境局編「東京都環境基本計画」、平成14年、(2002).
17) 東京都環境局編「東京都環境白書2004」平成16年度版、(2004).
18) 東京都環境局編「東京リサイクルハンドブック2004」平成16年、(2004).
19) 国際熱帯木材機関編「ITTO Annual Review」, 2002, 2004.
20) 国立天文台編「理科年表」丸善、(2005).
21) 自動車技術会編、年鑑4「自動車と環境」Vol.59, No.8, 2005.
22) 茅陽一監修「2004/2005 環境年表」オーム社、(2005).
23) 中国環境問題研究会編「中国環境ハンドブック2005-2006年版」蒼蒼社、(2004).
24) 産業調査会「産業リサイクル事典」、(2000).
25) タクマ環境技術研究会編「ごみ焼却技術」オーム社、(2003).

26) 松井三郎編「地球環境保全の法としくみ」コロナ社、(2004).
27) 石川禎昭編著「ダイオキシン類の法規制と対策技術」オーム社、(2001).
28) 吉野昇編「環境マネジメント基礎百科早わかり」オーム社、(2001).
29) 今泉みね子「フライブルグ環境レポート」中央法規、(2001).
30) 石川英輔「大江戸リサイクル事情」講談社、(1995).
31) 山本節子「ごみ処理広域化計画」築地書館、(2001).
32) 市川浩、児島基、佐藤高晴、品川哲彦「科学技術と環境」培風舘、(1999).
33) 新田義孝「演習　地球環境論」培風館、(1997).
34) 内田安茂編「驚異の科学シリーズ、今「日本」が汚染されている」学研、(1992).
35) 是松孝治、森棟隆昭編著「エンジン－熱と流れの工学－」産業図書、(2005).

第2部

1) 小倉紀雄、天谷和夫、日本環境学会編：「環境科学への扉」、有斐閣 (1990/12).
2) 竹田茂、岡田誠之編「水とごみの環境問題」、TOTO出版 (1995).
3) 大野長太郎「公害防止の管理と実務 (大気編)」、日刊工業新聞社 (1973).
4) 鍋島淑郎「廃棄物処理施設技術管理者資格認定講習テキスト (共通科目Ⅱ)・中間処理技術」、(財) 日本環境衛生センター (1987).
5) 鍋島淑郎「廃棄物の燃焼特性、最近の廃棄物燃焼技術」、(社) 日本機械学会関西支部第18回講習会テキスト (1995).
6) 杉島和三郎「[1-1] 破砕・圧縮、都市ごみ処理技術の進歩」、第474回講習会、(社) 日本機械学会 (1978).
7) 鍋島淑郎「ごみ焼却エネルギーの利用の現状と将来」、環境管理、31-7 (1995).
8) 鍋島淑郎「環境と廃棄物」、精密工学会誌、58巻、1号 (1992).
9) 環境省編「環境白書」平成17年版.
10) 「ごみ処理施設整備の計画・設計要領」(社) 全国都市清掃会議・(財) 廃棄物研究財団 (1999年).
11) 森棟隆昭、鍋島淑郎「テクノライフ選書・ごみから電気をつくる」オーム社 (1999).
12) 鍋島淑郎：「焼却・ガス化溶融技術等を展望する、資源化技術ガイド2000」環境新聞社 (1999).
13) 「スラグの有効利用マニュアル」(財) 廃棄物研究財団 (1999).
14) 廃棄物学会主催シンポジウム「進化するストーカ炉」テキスト (2001).
15) 新エネルギー・産業技術総合開発機構、(NEDO)「廃棄物発電導入マニュアル (改訂版)」(2002).

16) 鍋島淑郎、「ガス化溶融炉・次世代型ストーカ炉の開発動向」月刊「産業と環境」、2003.8 通巻 369 号．
17) 2004 年版「廃棄物年鑑」環境産業新聞社、平成 15 年 12 月．

第3部
1) 時政宏「輸送・道路・交通」自動車技術、59 巻 8 号、(年鑑)、(2005)．
2) 是松孝治、森棟隆昭編著「エンジン－熱と流れの工学－」、産業図書、(2005)．
3) 時政宏「輸送・道路・交通」自動車技術、59 巻 8 号、(年鑑)、(2005)．
4) 大聖泰弘「ディーゼルエンジン技術に関する将来展望」、自動車技術、59 巻 4 号、4 ページ (2005)．
5) 若林勝司、是松孝治「自動車エンジンのアイドリング停止装置およびシステム」、特許第 3294569 号など
6) 是松孝治他、「低 CO_2 排出自動車の試作研究」、第 1 回日本エネルギー学会大会講演要旨集、(1992)．
7) 日本自動車工業会「日本における環境負荷物質削減活動」、自動車技術、57 巻 11 号、10 ページ (2003)．
8) 長谷聖一郎「廃潤滑油の再資源化と適正処理」、トライボロジスト、45 巻、11 号、817 ページ、(2000)．
9) 富田尚隆、島広志「タイヤ騒音とトライボロジー」、トライボロジスト、38 巻、5 号、66 ページ (1993)．
10) 吹野真人、入江南海雄：「電気自動車の現状と将来展望」、自動車技術、45 巻、8 号、35 ページ (1991)．
11) 原田省三、是松孝治「電気動力二輪車の一充電走行距離に関する研究」、日本エネルギー学会誌、75 巻、5 号、315 ページ (1999)．
12) 日本ガス協会、天然ガス自動車総合カタログ、(2005)．
13) 富永博夫、吉田邦夫「新メタノール技術」、サイエンスフォーラム (1987)．
14) 川島由浩「ハイブリッド自動車・電気自動車の現状と将来」、自動車技術、57 巻 1 号、(2003)．
15) 島村和樹他「ハイブリッド車・燃料電池車・電気自動車」自動車技術、59 巻 8 号、(年鑑)、(2005)．

索　引

あ　行

アイドリング　180
アジェンダ21行動計画　8
足尾銅山鉱毒事件　51
アシッド・ショック　52
圧縮　139
圧縮式破砕機　144
圧縮処理　146
圧縮せん断型破砕機　145
圧縮点火機関　171
圧縮天然ガス　201
圧力調整器　200
安定型最終処分場　73

硫黄酸化物　77, 78, 106
異常気象レポート　43
一酸化炭素　77, 106
一般廃棄物　66
インパクトクラッシャ　142

ウイーン条約　25

エコタウン事業　17
エコビジネス　16
エコマーク制度　16
エステル化　203
エタノール　183
越境移動　63
エネルギー安全保障　198
エネルギー起源　35
塩化水素（HCl）の排出規制値　133
塩素イオン　46

塩素ラジカル　24

往復式カッタ破砕機　144
オキシダント　106
オゾン全量　22
オゾン層　19
オゾン破壊係数　27
オゾン破壊能力　25
オゾン破壊量　21
オゾンホール　20
オゾン保護法　26
音圧レベル　191
温室効果　32
温室効果ガス　32, 163
温室効果ガス削減法　41
温暖化係数　27
温暖化防止京都会議　9
温暖化ポテンシャル　33

か　行

回生　197
改正大気浄化法　84
回転式プレス　146
海面上昇　41
化学平衡状態　166
各種集じん装置の実用性能　110
カーシェアリング　182
加速抵抗　199
ガソリン新長期規制　82
ガソリン直噴エンジン　179
ガソリンリーンバーンエンジン　179
活性汚泥法　121
合併浄化槽　123

家庭系ごみ 66
渦電流選別装置 151
可変バルブタイミング 179
カリフォルニア州大気資源局 85
環境アセスメント 17
環境基準 80
環境基本法 80
環境工学 101
環境装置の分類 103
環境モデル都市 65
環境問題 99
管理型最終処分場 73

機構 166
京都議定書 9, 10
京都メカニズム 9

空気抵抗 199
空燃比 165
グリーン購入 18
グリーンコンシューマー 18
グリーン税制 195
黒い三角地帯 47, 87
黒い森 48, 86
グローバル・パートナーシップ 8
クロロフルオロカーボン 22

経済開発協力機構 5, 34
下水処理施設（終末処理場） 120
下水道の構成 120
下水道の種類 119
下水道の役割 118
下水排除施設 120
健康項目 89

公害防止技術 101
光化学スモッグ 77
公共下水道 119
高度処理 95
高発熱量 129

合流式と分流式 120
抗力係数 199
国際協力機構 5
国際人口開発会議 3
国際熱帯木材機関 61
国連開発計画 13
国連環境開発会議 16
国連環境計画 6, 14
国連人口基金 3, 15
湖沼水質保全特別措置法 92
固定化・再資源化 40
ごみ 66
ごみ質 128
ごみ処理施設構造指針 132
ごみ処理のトータルフロー 125
ごみ発電 69
ごみ発電施設 138
ごみ発熱量 127
ころがり抵抗 199
コンクリートつらら 47
混合収集方式 126
コンポスト化のための主要項目 157
コンポスト化処理 156

さ 行

再資源化 66
最終処分場 72
最終沈殿池 121
最初沈殿池 121
再使用 66
再生可能 183
削減率 40
サルフェート 172
産業廃棄物 66
産業廃棄物処理の現状 158
産業廃棄物処理のフローシート 159
産業廃棄物の業種別排出量 160
産業廃棄物の種類別減量化量 160
産業焼棄物の種類別最終処分量 160
産業廃棄物の種類別再生利用量 160

索引

産業排水の処理　123
三元触媒　170
散水ろ床法　121
酸性雨　45, 190
酸性雨原因物質　46
酸性雨対策調査　51
酸性降下物　45
酸性霧　45
酸性雪　45
酸素センサ　171, 201
三方締めプレス　146

磁気選別装置　150
事業系ごみ　66
資源化　154
資源循環型リサイクル社会　2
試験モード　168
指定湖沼　92
自動車NOx・PM法　84, 174
自動車排出ガス規制　82
自動車排出ガス測定局　173
自動車フロン券　28
自動車保有台数　163
自動車リサイクル法　187
し尿　66
死の惑星　5
遮音壁設置　194
しゃ断型最終処分場　72
集じん性能　109
集じん装置の種類　109
重炭酸イオン　190
充電器　196
重油脱硫　108
首都圏ディーゼル車規制条例　84
シュレッダーダスト　187
循環経済および廃棄物処理法　64
循環型社会基本法　66
循環型社会形成推進基本法　71
焼却施設の機能　130
焼却処理　127

商業伐採　55
衝撃　139
硝酸イオン　46
浄水処理　116
上水道　117
植樹帯確保　194
食物連鎖　115, 202
処理能力　130
人為的排出量　34
真空輸送（パイプ輸送）　126
新長期規制値　201
新聞配達用電気バイク　198
深夜電力　198
森林減少　55
森林原則声明　61
水質汚濁　95, 114, 115
水質汚濁防止法　89, 95
水質検査項目　90
水素イオン濃度指数　45
水道施設の構成例　117
スイングハンマ型破砕機　142
スーパークリーンディーゼル構想　174
スロットル開度　201

生活環境項目　89
生活排水　95
成長の限界　2
静電選別装置　152
制動エネルギー　197
政府開発援助　8, 12
生物処理　121
生物処理の方法　117
生物多様性条約　7
成分組成分析から発熱量　129
世界人口白書　3, 15
世界森林白書　56
ゼロ排出ガス車　85
全国産業廃棄物の処理のフロー　159
せん断の4種の力　139

選別処理　148
選別処理フローシート　153

騒音計　191
走行距離　177

た　行

ダイオキシン発生防止対策　136
ダイオキシン類対策特別措置法　69
大気汚染　77
大気汚染物質　82
大気汚染物質の発生形態　107
大気汚染物の分類　107
大気汚染防止法　80
代替フロン　23, 27
タイヤ騒音　191
太陽光発電　39
堅型ハンマ破砕機　145
炭化水素　82, 107
炭酸イオン　190
単独浄化槽　122

地下水汚染　96
地球温暖化対策推進大綱　10
地球環境ファシリティ　14
地球サミット　7, 99
窒素酸化物　77, 106
窒素酸化物対策　102, 108
中間処理　125, 126
長距離越境大気汚染条約　53
長寿命化技術　189

ツェルドビッチ　166
ツェルドビッチNO　172

ディーゼル新長期規制　82
低発熱量　127
デポジット制度　72
典型7公害　101, 102
電子制御燃料噴射システム　171

天然ガススタンド　201

東京大気汚染公害訴訟　12
動力分配機構　203
特定物質　105
特定フロン　23
都市ごみの有料化　68

な　行

二酸化炭素　33
二酸化炭素同化作用　59
二酸化窒素　78
2次公害防止対策　133
二次電池　196
日常生活用水　113

熱灼減量　131
熱帯木材輸入国　60
熱帯林　57
熱分解技術　155
熱併給発電　139
燃焼室出口温度　133
燃焼室熱負荷　133
熱利用　137
燃料電池車　204

農地開発　55

は　行

排煙脱硫　108
ばい煙発生施設　102, 108
バイオ燃料　183
排ガス規制　168
排ガス再循環　171
廃棄物処理の目的　125
廃棄物処理法　66
排出ガス規制　82
排出ガス低減目標値　82
排出権　85
ばいじんの排出基準　133

索引

排水処理　116
排水中の成分　124
排水の再利用（クローズドシステム化）
　　123
ハイブリッド車　179
パークアンドライド　182
破砕機の型式　142
破砕機の分類　141
破砕処理　139
破砕処理のフローシート代表例　140
破砕処理のフロー例　140
破砕の効果　139
バーゼル条約　63
発酵温度の維持　158
発生抑制　66
発熱量の測定　129

東アジア酸性雨モニタリングネットワーク
　　50
火格子燃焼率　132
比重差選別装置　148
ヒートアイランド雲　78
ヒートアイランド現象　30
火花点火機関　165

富栄養化　115
風力選別装置　149
風力発電　39
複合汚染　48
物質収支　154
浮遊粒子状物質　107
ふるい分け選別装置　148
プレイン・カッタ破砕機　144
フローシート　156
フロン　22
フロン11　24
フロン回収破壊法　27
プロンプトNO　172
分別収集方式　126

米国環境保護庁　15
閉鎖性水域　115
ヘルシンキ議定書　80
ベンゼン　82

放流水域の水質と水量　122
ポーラスアルファルト　192

ま　行

マウナロア山　35
摩擦　139

水資源　113
水の循環　114
水の処理方法　116
ミッシングシンク　36

メタン化技術　155

木質系エタノール　203
モノエタノールアミン　184
もらい公害　11, 51
モントリオール議定書　25

や　行

有害廃棄物　63
有害物質　105

四大公害訴訟　12
四大大気公害訴訟　12

ら　行

ラムサール条約　7

リサイクル社会　73
リサイクル率　65, 71
リブパターン　192
流域下水道　119
硫酸イオン　46
粒子状物質　77, 163

粒子状物質対策　109
理論空燃比　168

ローマクラブ　2
ロンドンスモッグ事件　77

B
BOD　90

C
CFC　22
C/N 比（炭素比）　157
CO_2 排出割合　38
COD　90
COP3　9
CVT　179

D
DAC 諸国　12

E
E 3 ガソリン　203
EGR　171
ETC　181

H
HC　163
HCl 除去性能　134

I
IPCC 2001　30
ISO 14001　16
ITS　181

L
LCA　17

N
NMHC　168

わ 行
わが国の降水量　113
ワシントン条約　7

NOx　163
NOx 低減の方法　135

O
ODA　8, 12
OECD　5

P
PFI 推進法　69
PM　163, 165, 172

R
RDF（ごみ燃料）　155

S
SOF　172

T
TDM　182

V
VICS　181

W
window　171
WtW　183

Z
ZEV　196
ZEV 規制　86

〈著者略歴〉

鍋島 淑郎（なべしま よしろう）

- 1953 年　東京大学工学部機械工学科卒業
- 1953 年　三菱日本重工業（株）入社
- 1964 年　三菱重工業（株）に転籍
- 1975 年　技術士（衛生工学部門）登録
- 1986 年　玉川大学工学部経営工学科教授
- 1998 年　同大学退職
- 1998〜2001 年　廃棄物学会副会長及び年会委員長
- 1999〜2008 年　国際航業（株）顧問

森棟 隆昭（もりむね たかあき）

- 1975 年　東京都立大学（現首都大学東京）大学院工学研究科修了、同大学助手
- 1981 年　工学博士
- 1989 年　豪州シドニー大学客員研究員
- 1993 年　湘南工科大学工学部助教授
- 1997 年　同大学工学部教授
- 現　在　湘南工科大学工学部機械工学科教授

是松 孝治（これまつ こうじ）

- 1974 年　東京都立大学（現首都大学東京）大学院工学研究科博士課程修了、工学博士
- 1974 年　通商産業省（現経済産業省）工業技術院機械技術研究所（現産総研）入所
- 1977 年　工学院大学工学部機械工学科講師
- 1979 年　同大学助教授
- 1990 年　同大学教授
- 現　在　工学院大学工学部機械工学科教授

増補改訂版　環境工学入門

- 1997 年 1 月27日　初版第 1 刷
- 2005 年 9 月 9 日　初版第 8 刷
- 2006 年 9 月25日　増補改訂版第 1 刷
- 2013 年 5 月15日　増補改訂版第 4 刷

著　者　鍋島淑郎
　　　　森棟隆昭
　　　　是松孝治
発行者　飯塚尚彦
発行所　産業図書株式会社
　　　　〒102-0072　東京都千代田区飯田橋 2-11-3
　　　　電話　03(3261)7821(代)
　　　　FAX　03(3239)2178
　　　　http://www.san-to.co.jp
装　幀　菅　雅彦

印刷・製本　平河工業社

Yoshiro Nabeshima
© Takaaki Morimune　2006
Koji Korematsu

ISBN 978-4-7828-2613-3　C3058